不做替代品
九項價值思維
$ 升級你的未來 $

樂律

優化流程 ╳ 整合資源 ╳ 終身學習，養成「隨身碟」思維，到哪裡都「隨插即用」！

【自慢絕活】及早了解自身興趣，在熱愛的領域發揮潛力
【找出問題】不懂得觀察矛盾點，就只是在白白浪費時間
【人脈經營】若沒有貴人提攜，才華再高也可能懷才不遇

麗莎 著

社會在進步的同時，也淘汰一批不思進取的人；
過去的成就不能代表現在，隨時將個人價值最大化！

目 錄

序言　從個體到全能，成為時代的「王牌選手」　005

第一章　隨身碟式生存：
　　　　從「零件」到「航母」的進化之路　007

第二章　風口上的翅膀：
　　　　掌握時代紅利的生存智慧　039

第三章　價值的極限突破：
　　　　讓努力產生最大回報　069

第四章　資源整合力：
　　　　讓每一步都勝過千軍萬馬　097

第五章　人脈加成術：
　　　　搭建屬於你的成功橋梁　125

目錄

第六章　利他為本：
　　　　打造可持續的雙贏團隊　　　　155

第七章　說話的力量：
　　　　用溝通壯大你的影響圈　　　　185

第八章　無畏前行：
　　　　擊破障礙，實現團隊夢想　　　　215

第九章　命運的拼圖：
　　　　努力是最強的底氣　　　　237

序言
從個體到全能，成為時代的「王牌選手」

我們正身處在一個競爭激烈、瞬息萬變的時代，任何企業都有可能在一夜之間倒閉，沒有產品不可替代；任何人都有可能突然被解僱，沒有人不可替代。想要成為這個時刻都在變化的時代裡的贏家，就必須讓自己成為一個適應力強大的人，無論到哪家企業、哪個組織、哪支團隊、哪方平臺……都能活得很「相容」、很「滋潤」、很出類拔萃、很受歡迎、很有影響力、很受重用。要成為這樣的人，最好的方法是：把自己活成一支團隊。

把自己活成一支團隊，你將無所不能，沒有你解決不了的難題，因為你既一專多能甚至多專多能，又能藉助他人的資源與力量，解決你的問題，達成你的目標與任務。把自己活成一支團隊，一支以自己為統帥的戰鬥力強大的團隊，它是無形的，因為只有需要這支團隊出現時它才會「出現」，然後「打敗敵人」，或實現各種目標；它又是有形的，因為你總是需要有現實中的人來幫助你解決問題，這個人可以是你，也可以是願意幫助你的任何人。

把自己活成一支團隊，你就能適應未來的任何變化，到什麼環境都能在極短時間內脫穎而出，因為你此時已經習慣於「隨身碟化生存」，能像隨身碟那樣，到哪裡都「隨插即用」，和任何企業、組織、團隊、平臺甚至個人都能輕鬆「相容」。你已經從只擅長一項技能、只能在一個職位上待著的「零件」型人才，成長為擅長多項技能、並知道誰擅長某項技能

序言　從個體到全能，成為時代的「王牌選手」

然後說服這個人來為你服務的「航空母艦」型的頂級人才。這時候的你，能勝任任何位置，解決任何難題，取得任何成就。

無論在哪裡工作，身處哪個位置，年齡多小或者多大，你都可以把自己活成一支團隊。事實上，只要你懂得優化、整合各種資源，善於借各種力量來幫助自己，你這支「團隊」就遠遠勝過一支百萬人的雄獅甚至千萬人的雄獅！

為了更高效、可持續地整合資源、借力成事，你至少要做到：一、成為說話高手，能迅速說服別人。要知道，你能說服多少人主動幫助你，你這支「團隊」就有多強大，就能解決多少和多難的問題。二、經營人脈。你人脈越廣，可以借到的力越多。三、思利及人。你越能夠考慮他人的利益、關注並滿足他人的需求，願意主動幫助你的人就越多。

進入「隨身碟化生存」狀態，讓自己從「零件」進化為「航空母艦」，主要目的是讓自己輕鬆適應當今這個時代的各種變化，多享受一點社會紅利。為此，你需要學會選對位置、平臺和環境，選準「風口」與趨勢，努力將個人價值最大化。

置身於當今這個競爭激烈到白熱化的時代，想要享受到盡可能多的社會紅利，將個人價值最大化，你還必須成為一個總能勇敢突破障礙、始終努力打拚的人。總能勇敢突破障礙，你就能讓你的「團隊」夢想成真，將競爭對手一個個都甩在後面。始終努力打拚，你就會成為這個時代的「寵兒」，被命運不斷青睞。

願本書能幫助你更快地活成一支團隊，更容易地適應時代的變化，更早地成為時代和命運的「寵兒」，更多地享受到順勢而為帶給你的社會紅利。

第一章
隨身碟式生存：
從「零件」到「航母」的進化之路

第一章　隨身碟式生存：從「零件」到「航母」的進化之路

# 小心！
有些讓你舒適的東西可能正在毀滅你

　　當今時代，各種變化日新月異，新生事物如雨後春筍般不斷湧現出來；很多領域的發展速度一日千里，彷彿在該行業前行的列車上裝上了10倍速的引擎；各種競爭越來越激烈，甚至有些競爭可以用慘烈來形容。這個時代，幾乎沒有什麼事物不可被替代，沒有什麼位置上的人不可被替代。

　　身處其中的我們，如果不能提升自己的適應能力，很容易就被替代，被淘汰，被遠遠地甩在時代的後面。怎樣讓自己更從容地應對這樣的時代呢？讓自己成為「一支團隊」，讓自己「學會隨身碟化生存」，甚至讓自己進化為一艘「航空母艦」！然而，在這樣的時代裡，有很多人依然「沉睡」在「舒服」的狀態裡，並沒有為危機的到來做好任何準備。

　　身處舒適狀態時，絕大多數人都容易安於現狀，不思進取，又或者想進取卻遲遲不去行動。然而，無論在生活裡還是職場中，長期陷於舒適狀態而無法自拔，最終很容易毀滅掉自己。以我們如今生活中常見的一種現象為例。最容易讓人陷入毀滅性舒服狀態的事情之一，是「啃老」。

　　在如今這個時代，我們很容易就能看到「啃老」的人。大多數「啃老」的人，年齡都在二三十歲；但也有一些四十多歲的人，還在「啃老」，真讓人感覺悲哀。這些「啃老」的人裡，有很多是沒有工作、沒有收入的人，但也有一些人是有正式工作和穩定收入的，但他們依然習慣於在衣食住用行等各方面都靠著父母供養。

小心！有些讓你舒適的東西可能正在毀滅你

在「啃老」這個問題上，現在頗為突出的一個問題是，孩子讓父母掏出一輩子的積蓄為自己買房。剛開始時，還有媒體和專家批評這樣的年輕人，但最近居然已經有專家鼓吹「啃老」買房，甚至認為掏空父母甚至爺爺奶奶外公外婆的「錢包」去買房，也是沒問題的！

「啃老」這件事短期來看似乎不會產生什麼危害，畢竟「天塌下來」也有父母長輩去扛著，無論什麼樣的風雨寒熱、苦難挫折，都有父母代為承受，自己只需要舒舒服服、心安理得地享受著生活和人生即可。

然而，長期來看，這樣的舒服生活其實是在毀滅你的未來。因為在這個過程中，你的生存和發展的能力正在一步步喪失！等到有一天，你的父母、長輩沒有能力讓你「啃老」和照顧你了，你終要靠自己去自力更生。這時候，你會發現，你很可能已經沒有能力去面對和應付這個殘酷的社會，連生存都成了問題。

麥當勞創始人雷‧克洛克講過了這樣一個小故事。很多年以前，美國加利福尼亞州蒙特瑞郡發生過一場鵜鶘危機。一直以來，蒙特瑞郡都是鵜鶘生活的天堂。然而，那一年鵜鶘的數量卻驟然減少。為什麼會發生這樣的危機？生物學家剛開始認為是發生了禽鳥瘟疫，環境學家則認為是海水汙染超標造成了鵜鶘數量的大幅度減少。

經過一段時間的嚴密調查，科學家們最後發現了原因。原來，造成鵜鶘數量大幅度減少的「罪魁禍首」竟然是鎮上新建的釣餌加工廠。在過去，蒙特瑞郡的漁民在海邊收拾魚蝦時，往往會將魚的內臟扔給鵜鶘吃。久而久之，鵜鶘變得又肥又懶，完全依賴漁民的施捨過活。後來蒙特瑞郡建起了一座加工廠，開始從漁民那裡收購魚的內臟，作為原料去生產釣餌。結果，自從魚的內臟可以用來賣掉以增加漁民的收入以後，

009

第一章　隨身碟式生存：從「零件」到「航母」的進化之路

漁民就不再把它餵給鵜鶘們吃了。於是乎，鵜鶘們的免費午餐沒有了。

但是，鵜鶘們已經過慣了飯來張口的生活，雖然漁民已經不再向鵜鶘投餵魚內臟，但鵜鶘們依然日復一日地等在漁船附近，期盼著食物能從天而降。然而，魚內臟再也沒有從天而降過，所以鵜鶘們變得又瘦又弱，後來還餓死了很多。更可悲的是，在過去的幾年裡，世世代代靠漁民的魚內臟養活的蒙特瑞鵜鶘們，早已喪失了捕魚的本能！

那些過著「啃老」生活的人，和蒙特瑞郡上這些習慣了天天吃漁民投餵的魚內臟的鵜鶘們是何其的相似啊！如果有一天，「啃老族」的父母或長輩再也無法投餵「魚內臟」，「啃老族」也會遭遇到巨大的生存危機。而這一天必定會到來。

習慣於「啃老」，後果很嚴重。而在職場裡，如果太安於現狀，長期讓自己陷於安逸舒服之中，後果可能比「啃老」還要嚴重。

擁有碩士文憑的小李已經在一家高科技公司工作了7年。他在這家公司裡上班，薪資待遇還不錯，並且有著一個「技術應用經理」的頭銜，還有兩個助手跟著他一起工作。在外人看來，小李在職場上發展得還不錯。然而，他卻經常焦躁不安，總想換一個工作環境，覺得自己實在沒辦法在這裡待下去了。這究竟是為什麼呢？

原來，小李他們三個人每天要做的事情也就是等客戶的電話，隨時待命為客戶的機器更換損壞的電路板。對於小李來說，這樣的工作，他已經做了5年。大概是在工作了3年的時候開始，他感覺自己根本就學不到新東西了，工作內容全部是這樣的一天天在重複，自己幾乎得不到成長和進步。

小李逐漸意識到自己不能這樣下去，他想改變。於是，他投遞過一

小心！有些讓你舒適的東西可能正在毀滅你

些履歷出去，但像他這樣已經工作了7年的人，在找一份新工作時，不免會「高不成，低不就」。對於下一家公司的工作職位也好，薪水待遇也好，他都有著更高的要求。另外，他對自己的工作能力也沒有足夠的信心。結果，過去這幾年已經習慣了安穩、舒服的工作狀態的他，由於害怕風險、擔心自己不能勝任新的工作，所以儘管有公司讓他去面試，他卻最終都沒有去。

接下來的日子裡，想跳槽去一家更好的公司的念頭時不時浮現，但他又總是擔心自己離職後，會找不到現在這樣的薪水待遇還不錯、自己又遊刃有餘的工作。在患得患失之間，時間匆匆而逝。而他則經常感到痛苦不堪，因為他總是想起「溫水煮青蛙」的故事。他知道，如果一直留在這裡，看起來很安逸、舒適，但其實是在過著一種「溫水煮青蛙」的生活，自己正是那隻被溫水慢慢煮著的青蛙，如果不能跳出「水鍋」，自己最終的結局就是「死在鍋裡」。但是，他又捨不得這份舒服和穩定。所以，他才會常常焦慮不已。

小李時不時會想到的「溫水煮青蛙」的故事，其實很多人都知道，我們在這裡不妨簡要地介紹一下。美國有一所大學做過這樣一項實驗：科學研究人員將一隻青蛙猛地丟進裝有沸水的鐵鍋裡，結果青蛙受到了意外的強烈刺激，所以做出了迅速靈敏的反應，然後奮力一跳，躍出了鍋外，拯救了自己。然後，科學研究人員又將這隻青蛙放進了裝滿涼水的鐵鍋裡，並在鐵鍋底下逐漸加溫。只見該青蛙在溫水裡悠然自得地享受著溫水的舒服，直到牠感到鍋裡的水已經燙得令自己無法忍受時，牠很想躍出水面，離開鐵鍋，可惜這時候的牠已然動彈不得，最終被熱水燙死了。

過於安逸往往是危機的開始。據說一個人三年不說話，就會變成啞巴，語言系統會自動喪失功能。工作能力在某種意義上也是這樣。如果

011

第一章　隨身碟式生存：從「零件」到「航母」的進化之路

一個人一直很安逸地工作，一直做著簡單、重複性、機械的工作，我們的想像力和創造力就會喪失。所以，一個有思想、有目標、不斷進取的人，時時刻刻都很清醒，不會被安逸的生活所俘虜，能清楚知道自己的每一份工作都是為了自己以後更好的生活做準備，絕不會得過且過，安於現狀，不思進取，而是能居安思危、未雨綢繆，不斷成長和提升自己。

終身僱傭的時代已經過去,沒有人不可替代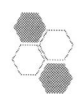

終身僱傭的時代已經過去,沒有人不可替代

在美國華爾街,有一家位列「世界500強」的大企業宣布裁員,計劃裁掉五千人,除了董事長和CEO,誰都有可能被裁掉。身為該企業高層管理人員的史蒂夫在裁員名單出來前,每天都忐忑不安,擔心自己也會出現在裁員名單上。最終,他幸運地沒有被裁掉。

他感慨道:「這次的經歷現在想起來還一陣陣後怕。和我共事多年的很多同事、好友都被裁員或者降職了。這世道真的是誰都不好過啊!這一次我雖然保住了飯碗,但對企業的看法已經和以前截然不同。我已經在這家公司工作了三十年,人生中最好的時光都奉獻在了這裡。在過去,我們覺得只要努力工作,不斷為公司做出貢獻,公司就一定會照顧我們,不會無緣無故炒掉我們。沒想到,現在卻突然被告知『公司的任何雇員都不再有鐵飯碗』了。看來,終身僱傭的時代已經過去了!」

剛剛晉升為人力資源部經理的小陳,馬上便接到了董事長交給他的一個極為棘手的任務:經董事會決議,公司要裁掉一批老員工。小陳一看名單,壓力陡增,原來,這些要被裁掉的員工,都是公司裡元老級的員工!

小陳感覺非常為難,在他看來,這些員工的資歷甚至比自己還老,有些還是自己以前同一個部門的同事,一直都在為公司努力工作,盡職盡責。而且,他很了解這些員工的能力,每一位都足以勝任現在的工作。於是,他找到了董事長,向他求情,希望不要裁掉這些老員工。沒想到,董事長很直接地告訴小陳,目前人才市場上很容易就能招到足以

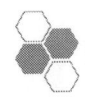 第一章　隨身碟式生存：從「零件」到「航母」的進化之路

替代這些老員工的人才，卻只需要付給相當於老員工的三分之一的薪酬即可。

小陳只好執行了這次裁員計畫。但這件事情讓他產生了極大的不安全感，也讓他明白了這樣一個道理：任何人都有可能被替代。

其實，不僅僅員工隨時有可能被解僱，有時候連老闆都有可能會被董事會的股東們踢出公司。眾所周知，已故的賈伯斯是著名的蘋果公司的創始人。1985年，賈伯斯被蘋果公司董事會趕出蘋果公司。直到1996年，才又回到蘋果公司工作。

某大型網站的創始人在自己不知情的情況下，被董事會踢出了公司。在創立了這家大型網站後，這位創始人一直擔任著公司的總裁、CEO和董事會董事等職務。為了網站的發展，他不斷地引進新的資本，為網站這臺燒錢機器提供柴火。但是有一天，他所在的網站突然宣布他因為「個人原因」而辭去了CEO、總裁、董事等職務。然而，他本人對此卻毫不知情。這一切，都是董事會在操作。

但最終，作為公司創始人的他，還是被董事會的股東們踢出了局，他的CEO、總裁等職務馬上就被別人取代了。後來，據業內人士分析，正是他為了替網站融資，稀釋了自己的股份，才導致他在董事會的發言權不斷減弱，最終被踢出了公司。這個案例告訴我們，沒有人不可替代，即使是公司的創始人！

就如每臺機器都應該有備用的零件，當一個零件壞了，備用的零件就可以替換上去，這樣就可以令機器繼續良好運轉；也如每一輛汽車都要有備胎，當一個車胎壞了，備胎就可以換上去，這樣就可以確保汽車繼續正常行駛。

終身僱傭的時代已經過去，沒有人不可替代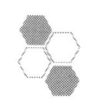

人除了與人競爭，也在與機器競爭。每一臺可以替代人來工作的機器被發明出來並投入使用，就預示著機器在與人的競爭中獲勝。以該項技術為生的人從此失業，必須掌握別的技能，否則就會餓死。

創造了「生產線生產」模式的「汽車大王」亨利・福特曾經這樣感慨道：「我要的是一雙可以操作機器的手，怎麼來了一個人呢？」對於工廠一線的生產工人來說，即使拚命工作，他們對於老闆來說，其價值也比不上一臺高效率的機器！

18世紀的英國，先進的織布機器得到了廣泛的使用，結果，大批工人被淘汰。工人們為了保住自己的工作，於是發起了砸毀機器的運動，史稱「盧德運動」。然而，砸毀再多高效率的機器，也阻止不了機器淘汰工人的進程。

如今，高科技的飛速發展，也不斷地淘汰掉那些不能與時俱進、迅速改變自己去適應時代變化的人。事實上，現在很多表面看起來還欣欣向榮的行業，其實裡面的大多數從業者們在不久的將來都有著失業的可能。例如：雖然如今真人電影在美國好萊塢還能贏得高票房，但是隨著動畫電影的崛起，演員們已經不得不擔心，當有一天不拿薪水的「動畫演員」比真人更加適合演電影時，電影明星們都將面臨失業的危機。

也許，你的工作能力非常出眾：你能夠用堆高機堆起一杯水，且一滴水都不灑地開出半公里遠；又或者你能夠一個晚上就核算完公司一個月的帳目……那麼，假如有一天老闆跟你說：明天你不用來上班了。這時，你怎麼辦？

在這個終身僱傭已然過去的時代，我們絕大多數人都很難在一家公司裡待一輩子。我們能做的就是，在公司裡上班的時候，努力把工作做

015

第一章　隨身碟式生存：從「零件」到「航母」的進化之路

到最好，同時也為了未來，不斷做好現在應該做的準備。怎麼樣的準備會比較好呢？例如我們後面會詳細講到的「學會隨身碟化生存」，懂得把自己培養成一專多能的「航空母艦」型人物。這樣，萬一哪一天公司真的不要我們了，我們依然能信心滿滿、沒有半點不安全感地離開。

關於當下這個時代的最佳生存方法，其實已故的美國「管理大師」彼得・杜拉克早已跟我們說過，他說，我們每個人都是管理者——自我的管理者。我們不是在幫別的公司工作，而是在幫名為「我」的公司工作。你為工作付出的努力，都可以轉化為對自己的投資，也許有朝一日你真的可以管理一家自己的公司……換言之，只要你把自己當成是一家公司來經營和投資，你就能從容應對所有的不確定性。

連「機器」都隨時會被淘汰，「零件」的出路在哪裡

2013 年 12 月 30 日起，中華民國國道全面改為計程收費。不靠人工收費了，就意味著收費站要被撤銷。因為收費站撤銷而失去工作的收費員們感到非常不滿和委屈。

人工智慧的普及對那些傳統無技術含量的收費職位來說，這種變化直接導致了失業。

如果把人工收費站比喻為一臺「機器」，把收費員比喻為一個個「零件」，那麼，現在「機器」被淘汰了，「零件」們該怎麼辦呢？在前面我們已經說過，對於所有上班族來說，終身僱傭的時代早已過去。在這個已經沒有「鐵飯碗」的時代，你以為很穩定的工作，事實上真的穩定嗎？

剛才筆者把人工收費站看作是一臺「機器」，其實，任何一家企業都可以看作是一臺「機器」，而包括老闆在內的每一個成員，都是這臺「機器」裡的一個「零件」。在這臺「機器」裡，每一個「零件」都有可能被替代，包括老闆。這在上一節我們已經討論過。在這一節筆者要跟大家說的是，企業這臺「機器」也不是永遠存在的，其實也隨時都可能被淘汰！

據財經媒體統計，集團公司平均壽命只有 7～8 年，中小企業的平均壽命更短，只有 2.9 年。

以中國為例，2017 年，中國最熱門的創業專案當屬「共享經濟」。IT 橘子（網際網路資訊研究機構）釋出的季度報告顯示，僅 2017 年第二季度共享經濟領域的投資就達 58 起，融資額為 481.63 億元（人民幣），約

第一章　隨身碟式生存：從「零件」到「航母」的進化之路

占整體市場融資的 30%。但風險最大、問題最多的，可能也是「共享經濟」。

共享單車、共享汽車、共享充電寶（行動電源）、共享雨傘、共享睡眠艙……共享經濟正在高速發展。然而，高速發展的同時，競爭也進入到了白熱化階段。根據各大媒體曝光的情況大致統計，2017 年共有 26 家共享企業倒閉（加上停業的企業將近 50 家），其中，2016 年成立、營運不足一年就倒閉的企業達到 9 家。進入 2018 年以後，已經有超過一半的共享企業倒閉。還存活的共享企業的日子也不大好過。一方面，小企業的市場占有率正不斷被同行的大型企業蠶食；另一方面，大型企業之間的市場競爭也日益激烈。所以，被收購甚至倒閉的共享企業還會不斷出現。

任何行業的任何企業都有可能倒閉，哪怕你是行業的「老大」，占據著極大的市場占有率。

2010 年的時候，Nokia 手機是全世界賣得最好的手機之一；2013 年，Nokia 手機卻被微軟收購了！2016 年，微軟對自己旗下的 Nokia 手機業務徹底死心，並裁掉了數千名相關員工！

至今猶記，當 Nokia 被微軟收購的記者招待會上，Nokia 公司執行董事長、總裁約瑪・奧利拉最後說的一句話：「我們並沒有做錯什麼，但不知為什麼，我們輸了。」說完，幾十位 Nokia 高管不禁落淚！那麼，短短三年時間，手機市場究竟發生了什麼，居然令自認為「沒有做錯什麼」的手機市場的翹楚，會失敗到被別人收購呢？

2010 年的時候，Nokia 仍然擁有世界手機市場占有率的三分之一，穩穩地坐在手機市場的「第一把交椅」上。那一年，Google 公司主導開發

連「機器」都隨時會被淘汰，「零件」的出路在哪裡

的安卓系統剛剛聲名鵲起。不過，當時 Nokia 的一些還不怎麼起眼的對手們，如三星、HTC、索尼等手機廠商，都選擇了和 Google 牽手。

Nokia 當然也看到了安卓系統的優點，所以也和 Google 展開過幾輪談判。Google 當然很希望 Nokia 能用自己的安卓系統，所以比 Nokia 還要主動地想促成雙方的合作，畢竟 Nokia 手機當時擁有三分之一的市場占有率啊！

然而，Nokia 也有自己的想法，那就是他們覺得，智慧型手機作業系統最好還是掌握在自己的手裡，比如當初開發出 Symbian 系統的公司就整個被 Nokia 收購了。但是 Nokia 無法收購 Google，結果當時那位出身於微軟的 Nokia 執行長埃洛普做出了一個令 Nokia 手機萬劫不復的決定：和微軟一起搞 WP 手機（Windows Phone）！

後來的結果如何全世界的人都看到了，Nokia 手機由市場老大迅速沒落，直至徹底完蛋，被微軟收購。但微軟收購了 Nokia 手機後，也沒有把手機業務成功地做起來，而是以失敗告終。因此，微軟收購 Nokia 手機的交易，後來被評為了高科技史上最失敗交易的典型之一。

Nokia 似乎沒有做錯什麼，他們只是什麼都沒有做，然而卻被蘋果和安卓遠遠超越。這就是市場競爭的殘酷。假如時光可以倒流，如果當時的 Nokia 手機及時使用安卓系統，雖然會減弱對作業系統的控制力度，但至少不會如此快地丟失在智慧型手機市場的占有率。其實，Nokia 在中低端手機市場擁有著絕對的掌控優勢。然而，Nokia 只是沒有使用安卓系統，「什麼也沒做」，就輸了，最終失去了自己巨大的市場。這可能就是網際網路時代最大的風險與挑戰吧。可見，如果不能迅速適應市場的變化，跟不上行業發展的步伐，就很可能會被時代所拋棄！

第一章　隨身碟式生存：從「零件」到「航母」的進化之路

　　當今的企業，無論是已經經營了上百年的老店，還是經歷過爆炸式成長的新店，都有可能在一夜之間遭遇生存危機，甚至倒閉！例如：連續30年位列「世界500強企業」的美國通用汽車曾在2009年申請破產保護，因為這家曾經長期是全球第一的汽車公司，自2005年開始就一直處於虧損狀態。

　　絕大多數人都希望自己擁有一份「鐵飯碗」般的工作，然而，誰也不會給你一個「鐵飯碗」，「鐵飯碗」只能由自己給自己。一位著名曲藝演員曾說：「鐵飯碗的真實含義不是在一個地方吃一輩子飯，而是一輩子到哪兒都有飯吃。」真正的鐵飯碗從來不是公務員，不是某家公司，而是你的真本事。本書後面的內容會告訴你，當你學會「隨身碟化生存」，讓自己變成一艘「航空母艦」，就一輩子去到哪裡都有飯吃，而且「吃香喝辣」！

　　切記，這個世界上除了自己，誰也靠不住。靠父母？他們總有老去的一天；靠朋友？他們總有幫不上忙的時候；靠體制？那不過是你安慰自己的藉口。

　　企業靠不住，平臺靠不住，老闆靠不住。在倒閉潮、裁員潮迅速的當今社會，沒有人能預測下一秒會發生什麼。世界級企業都正在採取緊縮用人的策略，至於各中小企業，每天倒閉的都不計其數，更何況裁員呢！現在的穩定，不代表永恆的不變。

　　靠誰都不如靠自己安穩。一定要讓自己擁有別人拿不走的東西。趁著現在工作還穩定，多充實一下自己。把知識裝進大腦，把能力、經驗學到手，把人脈抓到手，把別人的東西變成自己的，這才是最可靠的，才不會因為企業解散、你被辭退而遭遇滅頂之災。而當你擁有了一技之長甚至一專多能，那麼你走遍天下都不怕，去到哪裡都搶手。這時的你，才是真正擁有了「鐵飯碗」。

學會「隨身碟化生存」，在什麼團隊都能迅速脫穎而出

有一位網路知識脫口秀節目的主持人被邀請到某知名大學去向應屆畢業生做演講。

演講過程中，他隨機做了一個調查。他說：「同學們，現在你們都大四了，誰找到工作了，能現場舉一下手嗎？」於是，現場有很多人舉起了自己的一隻手。

接著他又問大家：「你們都各自去了什麼樣的企業？」同學們便七嘴八舌地回答了起來。有的說自己考上了公務員，有的說自己進入了「世界500強」企業，有的說自己要去銀行上班了，有的說自己會當一名中學老師……

主持人聽了一通下來後，對同學們說：「你們這些找到了工作的，請不要看不起那些到現在還沒找到工作的同學，因為十年二十年之後，你們說不定過得還不如現在這些沒有找到工作的人好呢。」

同學們都笑了，尤其是已經找到工作的人，都以為他在開玩笑。有人還問他，這算不算是給還沒找到工作的同學一種心理安慰？

主持人意味深長地笑了笑，說：「我真的不是在開玩笑，為什麼呢？因為在當下這個時代，以個人工作室的方式存活，往往比加入企業、組織要好得多。」然後，他便提出了一個名詞，叫「隨身碟化生存」，並提出了一套隨身碟化生存方案給大家。

主持人向我們推崇的「隨身碟化生存」，是一種充滿當代智慧的生存方式，並不是讓我們拿著我們常見的那種16G、32G、64G之類的儲存媒

第一章　隨身碟式生存：從「零件」到「航母」的進化之路

　　介、儲存工具去討生活。「隨身碟化生存」是他向「七年級生」提供的一個解決「組織內七年級生發展困境」（其實也適用於「八年級生」、「九年級生」）的方案。這套方案，主持人用了16個字來總結：「自帶資訊，不裝系統，隨時插拔，自由合作。」

　　在大企業裡，這樣的現狀非常普遍：高管是「五年級生」，中層是「六年級生」，新人是「八年級生」，而人數眾多的「七年級生」，已經工作八九年了，正在一片「職場紅海」裡為了爭一個小主管的職位而相互「廝殺」，上面的位置已經被「六年級生」坐滿，而「六年級生」想要坐到再上一層的位置，還要盼望著「五年級生」趕緊退休。

　　沒有「五年級生」、「六年級生」的資本原始累積，沒有「八年級生」的爸媽已將房車齊備無壓力，「七年級生」的一代人，迫於還房貸、車貸以及養孩子的壓力，大多數都不敢任性跳槽。「七年級生」有才華、有相貌、有能力、有經驗，但職位不高甚至沒有職位，收入不太高，提升空間有限，除了薪水並沒有什麼別的收入來源，沒有父母的鼎力支持，但又想要靠一己之力在大城市買房立足，所以過得實在是無比艱辛。這就是「組織內七年級生發展困境」。

　　要解決「組織內七年級生發展困境」，不妨學會「隨身碟化生存」。換言之，就是「自帶資訊，不裝系統，隨時插拔，自由合作」。

　　怎麼理解呢？也就是說，無論你遇到了什麼樣的新挑戰或新環境，你都能從容應對，這其中包括：你的相容性很強，可以隨時跟外界產生連繫；你的獨立性很強，可以獨當一面；你的個體特徵很強，無論到哪都能很快找到自己位置等等。

　　這就好像是隨身碟一樣，隨時能插到下一臺電腦上，隨取隨插，不

學會「隨身碟化生存」，在什麼團隊都能迅速脫穎而出

用緩衝，就能立即投入新的工作當中的狀態。也就是說，你既擁有很突出的個人能力，又能很快適應新的團隊、組織，能與其他人迅速合作，產生 1 ＋ 1 ＝ 2 甚至 ＞ 2 的合力。換言之，當你學會了「隨身碟化生存」後，你在什麼團隊都能迅速脫穎而出。

絕大多數人都希望擁有一份穩定的工作，拿到一個「鐵飯碗」。然而，無論是當下還是未來，真正能給你一份穩定工作，讓你捧上「鐵飯碗」的，只有你自己。前面說過，真正的「鐵飯碗」，就是你去到哪裡都有飯吃，而且還能「吃香喝辣」。而當你習慣於「隨身碟化生存」，你才是真正擁有了「穩定的工作」。

世上唯一不變的就是變化。穩定的本質，是你擁有了化「變化」為「不變」的能力。在未來，沒有穩定的企業、組織，沒有穩定的工作，只有穩定的能力。未來只有一種穩定：你到哪裡都有飯吃，而且還能「吃香喝辣」。當你成為一個「超級隨身碟」，習慣於「隨身碟化生存」，你就擁有了這種穩定。

做到「隨身碟化生存」，至少能給我們自己帶來兩大好處，一是建立我們的安全感，二是為我們從組織困境中成功突圍提供了非常可行的方法。

「隨身碟化生存」幫助我們解決的主要是「依賴與獨立」的問題。具體來說就是，要先學會依賴，然後學會獨立，最後實現依賴和獨立的並存。換言之，既可以依賴於某個企業或組織，又隨時可以獨立出來。無論是依賴還是獨立，自己都有自主選擇的權利。

君不見，如今，越來越多人主動離開了組織，如工人離開工廠去做快遞員或者外送員、美甲師離開了美甲店主動上門美甲、編輯離開了媒

第一章　隨身碟式生存：從「零件」到「航母」的進化之路

體然後去做自媒體、藝人離開了經紀公司去做了網紅、司機離開了計程車公司而去開了 Uber、會計離開了會計師事務所、律師也離開律師事務所等等。

當你擁有了獨立的能力，你就既可以選擇依賴於某個組織，也可以自我獨立。而越來越多的大企業也正在平臺化，這也令更多的員工選擇離開組織，變成獨立的個體。所以，社會上的自由職業者越來越多，支付報酬越來越跟結果相關。

「隨身碟化生存」還有一個核心內容，就是工匠精神。也就是說，你需要具備一種相對獨立的手藝，一種可以放在市場上衡量的價值輸出。這種價值的檢驗標準是市場。也正是這種工匠精神，使得越來越多的自媒體或成功的小公司湧現。

當你擁有能滿足某個細分市場的獨特技能，且能夠在這個行業做到頂尖，你就已經是一個優秀的人才。在《水滸傳》裡，梁山好漢們的結局，最好的就是神醫安道全、玉臂匠金大堅、紫髯伯皇甫端、聖手書生蕭讓、鐵叫子樂和、轟天雷凌振。這幾個人最後大多被朝廷徵用了，為什麼呢？因為他們都擁有一技之長，他們分別掌握的技能是看病、刻字、養馬、寫字、唱歌、製造火藥，每一項都是那個朝代裡極為實用的技能。

事實上，這些技能不但在古代很「吃香」，在當下的社會裡也很受歡迎！可見，無論歷史如何變遷，只要你是專業人士，只要你至少有一項本事是拿得出手的，你就總能有飯吃，而且還能「吃香喝辣」。

總之，在這個個體崛起的時代，請盡快學會「隨身碟化生存」吧，讓自己擁有更多自主選擇的權利，讓自己的價值更大化，讓自己的收穫更多！

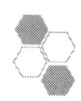

尋找「自慢」絕活：
你至少要有一項非常出色的能力

　　大學畢業後的三年時間裡，小馮已經換過了四份工作。然而，每一份工作他都做得很不開心，也做得很不好，所以，每次都以被公司解僱而告終。

　　從大學進入社會後，他的第一份工作，是做外貿跟單。在公司裡上了沒幾天班，他就發現自己的大多數同事都是高中、五專畢業。大學畢業的他，不由自主地有了驕傲情緒，開始看不起這份工作了。再加上外貿跟單的工作內容也有些簡單枯燥，所以他做起來總是無精打采的。在這樣的應付了事、得過且過的工作態度下，他當然做不出什麼樣的好業績來。後來，老闆實在受不了他對工作的不敬業，就辭退了他。

　　離開這家公司後，為了生計，他很快又找到了一份新工作。這次做的是業務工作。其實，他對業務工作既不感興趣，又不懂推銷技巧、方法，還不願意學習，之所以做這份工作，完全是為了生存。結果可想而知，他的業績很差，做了四個月還是全公司墊底，甚至比倒數第二名都差了很多。老闆只好讓他離開了。

　　在這之後，他又找了兩份工作，但都是他不感興趣和不擅長的，雖然他也硬著頭皮去做了，但就是做不好。所以，很快，他又相繼被「炒了魷魚」。失業後的他，悶悶不樂地打電話向遠在異國的大學時的好朋友小唐訴苦。這時候的小唐，在美國和別人合夥開了一家廣告設計公司。

　　小馮對小唐訴苦說：「為什麼我每份工作都總是做不好？我也想努力去做好這些工作，但為什麼對這些工作都提不起興趣？」

第一章　隨身碟式生存：從「零件」到「航母」的進化之路

　　小唐對小馮說：「你為什麼不找一份你感興趣的工作呢？我記得你對畫畫很感興趣啊。」

　　小馮說：「在我們這個地方，想找一份畫畫的工作很難。我想去學校裡教學生們畫畫，但我沒有教師資格；我想開一個繪畫班，但缺少本錢。所以，只好去找那些我不感興趣但比較容易上手的工作。」

　　小唐說：「要不然你來美國，跟著我一起做廣告設計吧。我記得上大學時看過你畫的那些畫，很有創意，畫得也很好。」

　　這提醒了小馮，他一拍大腿道：「對啊！我怎麼一直都沒想過靠畫畫和美術設計來吃飯呢？」於是他答應了小唐，馬上奔赴了美國。

　　在美國見到小唐，並把自己安頓好後，他便按照小唐的要求，設計了幾幅作品。小唐也指出了作品的不足之處，但也看得出小馮在這方面還真是一個可造之才，於是便讓他和自己一起做廣告設計。

　　小馮確實對這一份工作非常感興趣，而且也很有天賦，所以透過一段時間的熟悉和提升後，已經能獨立設計出令廣告客戶滿意的作品。隨著他設計出來的平面廣告作品越來越受客戶們滿意，他也成功征服了小唐和小唐的合夥人。如今，他專門為小唐的公司提供作品。他有了自己的工作室，不需要朝九晚五地去上班，但收入卻非常可觀。

　　更重要的是，這是他最感興趣又最擅長的工作，所以他每天都工作得很開心。他沒有傳統意義上的正式的「工作」，卻又時時刻刻都在用心地「工作」。他的作品在廣告界的名氣越來越大，主動找他設計的人越來越多。他再也不擔心會被解僱，他為自己打造了一個「鐵飯碗」。

　　如果你不想被時代淘汰，想要適應這個競爭激烈的社會，就一定要及早了解自己的興趣所在，找到自己的優勢與特長，在熱愛的領域中發

尋找「自慢」絕活：你至少要有一項非常出色的能力

揮自己的潛力。在上一節，我們談到「隨身碟化生存」的其中一個核心，是工匠精神。無論社會怎樣變遷，只要你是專業人士，只要你至少有一項本事是拿得出手的，你就總能有飯吃，而且還能「吃香喝辣」。在當今這個自媒體崛起的時代，如果你能「隨身碟化生存」，至少擁有一項非常出色的能力，也就是傳統所說的手藝，你就能讓自己擁有更多自主選擇的權利，讓自己的價值更大化，收穫更多。

經濟發達的日本社會一直以來都很推崇匠人精神，在日文裡有一個詞叫「自慢」，就是對此的高度概括。「自慢」，指的是一個人最拿手、最有把握、最專長的事。「自慢」，就是讓自己擁有一項別人無可取代的專長。你不僅要會這個專長，還要把這個專長提升到最佳、最好，好到別人都比不上你，在關鍵的時候，你這個專長出手，問題就迎刃而解，所有人都對你佩服得五體投地。

懂得尋找、創造、培養自己的「自慢」絕活，是一個人成功的關鍵！怎樣入手呢？從你最感興趣的事情上開始。俗話說：興趣是最好的老師，一個人只有在其興趣範圍內做事，才能充滿熱情，才會認真用心，也更容易獲得成功。你必須發揮自己所有的潛力，做自己感興趣、最有熱忱和最擅長的事情。這樣你才會擁有「自慢」絕活，成為擁有非常出色能力的自己，最後成為最好的自己。

當你做自己很感興趣、很喜歡做的事情時，你會帶著極度的興奮、長久的激情和巨大的熱忱沉醉於其中。為此事你甚至可以茶飯不思，睡覺都夢見它，因為你心甘情願地對它投入大量的精力和時間，所以你很容易獲得成功，而且能從中體會到快樂和滿足。相反，如果做一件沒有興趣的事情，你會感到時間很難打發，你不願意為了它去學習和努力，即使靠著資質和經驗你能做好它，但它也不一定會激發出你的潛能，所

第一章　隨身碟式生存：從「零件」到「航母」的進化之路

以，你在這樣的事情上也不太可能取得多大的成功。

「股神」華倫・巴菲特小時候內向而敏感。還是孩子時的他，無論是讀書還是在生活中，表現得都與普通的孩子沒什麼兩樣。在有些方面，他甚至連普通孩子都不如。小時候的巴菲特，常常因為行動笨拙、思維緩慢，而被人們嘲笑。但後來，在成長過程中，巴菲特卻將這一弱點轉化為了自己最大的優點——耐心。同時，他還發現自己對數字非常敏感，並對其充滿了興趣。

成年以後，他做過無數種工作，例如業務、法律顧問、管理一家小工廠等。直到27歲時，他終於找到了自己可以終身從事的職業——投資家。他發現，這份職業能夠充分發揮自己的耐心、對數字敏感的優點。最重要的是，他對此特別感興趣。所以，這最終成為他的「自慢」絕活，並取得了驚人的成就。

這啟示我們，一定要找到自己的「自慢」絕活，讓自己擁有一項非常出色的能力。當你總能做你最擅長的事情時，你就更容易取得成就。從現在起，找到自己最擅長的來發展吧，盡量把興趣和能力結合起來。切記，如果無視自己最擅長做的事情，無異於拋棄了自己最重要的優勢。

進化為「航空母艦」，走到哪裡都自帶一支「團隊」

在當今這個多變的社會裡，只擁有一項專業能力的人，很可能會在某一天被社會淘汰。前面我們談論到每個人都應該有自己的「自慢」絕活，這是非常重要的。但其實，擁有一項「自慢」絕活，還不足以讓你一輩子都高枕無憂，除非你擁有的「自慢」絕活，一直都有市場需求。然而，市場需求其實是不斷變化的。自從有了汽車，人力車便被淘汰了；自從有了電燈，煤油燈便被淘汰了。

如果一名職員想在職場中獲得更好的發展，就要以作為專業人才的專業知識為基礎，提高自己的專案營運能力、溝通能力、協調能力、取得預算的能力、與其他部門和主管交涉的能力等，在周邊領域不斷累積自己的經驗。從而讓自己努力成為「一專多能」甚至「幾專多能」的「多料人才」、「全才」。只有這樣，才能無論在什麼情況下都臨危不懼，遇到什麼樣的困難與問題都能順利解決。就是要跳槽，「一專多能」甚至「幾專多能」的人才，也會成為人才市場上最為搶手的人才，因為無論是大企業還是中小企業，無論是百年老店還是初創型企業，都需要這樣的人才。

小高如今已是公司裡頗受器重的「MVP 員工」，但三年前，他還只是一個普通的專業人才。在過去這三年裡，他透過讓自己由一個專業人才轉變為了「全才」，結果受到了企業的重用。小高任職於一家大型傳媒集團。從進入這家企業後，小高先後在出版和培訓部工作，在兩年半的時間裡，從企劃、編輯、製作、校對到業務拓展、研討會推進、報告人助

第一章　隨身碟式生存：從「零件」到「航母」的進化之路

理、研討會策劃、教材的企劃製作、新型研討會的策劃與開發，這些繁雜無比的工作小高全都做過。

透過做這些工作，小高也獲得了各方面的鍛鍊。例如：在出版部門，他鍛鍊了自己的策劃能力，在培訓部門則透過與企業家們的溝通，學到了管理知識、培養了自己的說服能力和談判能力。正是鍛鍊了這些能力，所以後來他被分配到業務部門後，才能很快勝任手上的工作。

事實上，當小高被調到業務部門後，他才發現自己最擅長的原來是業務！正因為如此，所以當他被調動到業務部門僅僅半年，就拿下了六十多家以前的同事們說服了很久都沒能說服的客戶，做出了令人驚豔的業績。

很快，小高便被提拔為業務部經理。因為之前曾很好地鍛鍊過管理能力、溝通能力，所以他輕輕鬆鬆地就把業務部管理得非常好，大家的「戰鬥力」都非常強，為企業屢創佳績。如今，他已經是集團新成立的一個事業部的總經理了。

小高是一位典型的多方面的能力都很突出的人才，可以說是一位職場裡「幾專多能」的「多料人才」、「全才」。對於這類人才，最近我們取了一個新名詞，叫「航空母艦」型人才。眾所周知，航空母艦具備很多項頂級功能。例如，航空母艦擁有這有六大功能：一、爭取戰區制空權，為艦隊和上陸的海軍陸戰隊提供可靠的空中保障；二、爭取戰區制海權，消滅敵方海上有戰鬥力的部隊，保護己方海運及兵力投送；三、艦載機攻勢反潛作戰，在大洋及接近敵方的海域消滅或阻撓敵核彈道飛彈潛艇發射核飛彈，攔阻敵方核動力攻擊潛艇進入己方重要海上通道；四、攻擊摧毀岸邊重要目標；五、投送兵力，支援己方兩棲作戰；六、在和平

進化為「航空母艦」，走到哪裡都自帶一支「團隊」

時期，在衝突地區顯示己方武力，發揮威懾作用。

　　用來形容「一專多能」甚至「幾專多能」的「航空母艦」型人才，也像航空母艦似的，擁有著很多項頂級功能、能力，每一項都極為出色，能獨當一面，彷彿帶著一支由各種人才、專家、高手組成的團隊一樣，無論遇到什麼樣的困難、問題，都會有相應的「人才」站出來，迅速化解困難，解決問題。

　　「航空母艦」型人才的核心特點是，當自己的某一項本事不堪用的時候，還擁有另一項讓自己變成「搶手人才」的本事，自己身上會同時具備幾項很頂級的能力，不但是「一專多能」，更是「幾專多能」！這樣的人才，在什麼時代都會是成功人物。

　　1985 年，劉德華、郭富城、黎明、張學友被媒體並稱為香港樂壇的「四大天王」，從此以後，這四位著名藝人便一直在華語演藝圈當紅。到今天已經過了 30 多年，這四位藝人依然活躍在華語演藝圈。為什麼他們能紅那麼久呢？因為他們每一個人都是「多料人才」或者說是「全才」，是「航空母艦」型的頂級人才。

　　在歌唱事業上，雖然這四個人之間比較而言，張學友是最出色的，並被時人尊為「歌神」，但是其他三位在歌唱能力和事業上也極具影響力。也許他們比張學友在歌唱方面稍差了一些，每個人卻也都有無數首紅極一時、被世人一直傳唱的經典金曲。雖然華語歌手如天上的繁星那麼多，但張學友一定是最耀眼的幾顆之一，其他三位雖然沒有張學友那麼耀眼，但耀眼程度也比絕大多數歌手強得多。僅僅是在歌唱上的成就，他們四人就都已堪稱卓越。

　　在演藝事業上，「四大天王」跟那些影壇巨星比也毫不遜色。他們

第一章　隨身碟式生存：從「零件」到「航母」的進化之路

都主演過很多很受大眾喜歡的電影，演繹過很多經典角色，並且都獲獎無數。在華語電影圈影響力最大的幾個大獎裡，香港金像獎和臺灣金馬獎就是其中的兩個。一個華語演員，如果能得到其中一個的最佳男主角獎，也就是俗稱的「影帝」，說明他已經是最優秀的男演員之一了。劉德華已經拿過三次香港金像獎最佳男主角獎，兩次臺灣金馬獎最佳男主角獎；郭富城連續兩次奪得臺灣金馬獎最佳男主角獎；黎明曾拿過一次臺灣金馬獎最佳男主角獎；張學友拿過一次香港金像獎最佳男配角獎。至於最佳男主角提名，四人都分別無數次被提名。

　　在舞蹈上，「四大天王」裡的郭富城被稱為「熱舞天王」，曾是跳舞事業上頂級的藝人。其實，其他三位的舞蹈也跳得很好。他們每個人在演唱會上，都總會有一些勁歌伴著熱舞奉獻給觀眾，其水準都是一流的。

　　正是因為在演藝圈裡最容易產生巨大影響力的幾個領域，他們都是頂級的那幾個人之一，所以，他們才會成為「天王巨星」級的人物，紅遍華語世界，一紅就紅了三十年。他們都是「多料人才」的典範。他們可以靠唱歌來讓自己登上事業的巔峰，讓自己紅透半天。當歌唱事業在走下坡路時，他們還能憑藉拍電影來讓自己繼續走紅，甚至攀登上另一個事業的巔峰。

　　這啟示我們，一定要主動去鍛鍊自己的「全才能力」，讓自己成為「航空母艦」型人才，讓自己去到哪裡都彷彿是自帶了一支團隊，團隊裡的「每一個人」都非常出色，能獨當一面。在未來的企業、組織裡，擁有「無人能替代」的能力、知識、資訊、技能、技術，已成為對職場中人的新要求。

　　無論是當下還是未來，只擁有一項專業能力的人，未來很可能會陷

032

進化為「航空母艦」，走到哪裡都自帶一支「團隊」

入危機之中。如果你不但「一專多能」，還「幾專多能」，例如：你不但技術能力出色，演講水準很高，談判能力一流，還有很高的管理能力，那麼你去到哪裡都一定是很搶手的人才，什麼時代都能「吃香喝辣」。所以，一定要儘早讓自己成為擁有「一專多能」甚至「幾專多能」的「航空母艦」型頂級人才。

第一章　隨身碟式生存：從「零件」到「航母」的進化之路

不斷進步、永不封頂的人
任何時候都不會被淘汰

在社會裡，在職場中，你是否遇見過這樣的人，當他們從學校裡進入職場後，擁有了一份看似安穩的工作後，就以為自己可以過上高枕無憂的生活了，於是逐漸變得不思進取，甚至按部就班地等待著升遷、等待著退休。其實，這是一種很危險的做法，尤其是你正處於必須奮鬥的年齡時，如果你選擇了安逸的生活，那麼未來當你發現工作拋棄了你、生活過得很艱難的時候，你想奮鬥都已然有心無力，想與別人競爭也沒有那個能力。

同時進入某大型企業的小范和小馬，都畢業於某名牌大學。在學校時，小范的成績要比小馬好得多。然而，進入了這家企業後，小范的競爭意識表現較差，學習力一般。原來，當他成功地進入到這家企業工作後，心裡感覺很滿足，所以生性懶惰的他逐漸變得安於現狀，從來不主動去學習和提升自己。結果，幾年後他在大學裡所學的知識已經折舊了一半以上。他又不讓自己主動吸收新知識，學習新技能，所以工作起來越來越吃力，被上司責備的次數越來越多。

反觀小馬，雖然在學校時成績不如小范，但進入企業後，有著強烈危機感的他，展現出了強大的學習力，不但很努力地工作，同時還不斷學習，讓自己不斷進步。企業安排的各種培訓，他從來都不會錯過；圍繞自己的職業生涯規劃，他又主動去學習了很多未來用得上的知識和技能。能力的不斷提升，讓他工作越來越順手，越來越出色，越來越受到企業的重用。

不斷進步、永不封頂的人任何時候都不會被淘汰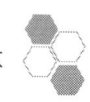

又過了一段時間，小范被企業淘汰掉了，小馬則受到了企業的重用，成為部門經理，擁有著美好的前程。這啟示我們，你只能保證自己今天是人才，卻無法保證明天的你依然是一個人才。你今天能受到公司的重用，未來卻有可能被淘汰。如果不想被淘汰，就必須時刻確保自己比別人優秀，而要做到這一點，就必須不斷學習，不斷給自己充電，讓自己不斷進步。

有很多人以為，離開了學校，就不用再學習了。有些人甚至為了逃避學習，提前離開了學校。結果，進入社會以後才發現，社會要求你不但要主動學習，還要不斷學習，不斷進步，否則，可能連一份像樣的工作都找不到！

佟童在上學時對讀書很不感興趣，遲到與曠課都如家常便飯般頻繁。後來，上到高中二年級的她甚至還輟了學，未滿18歲便匆忙進入了社會。剛開始時，她以為終於擺脫了學校的束縛，進入到了豐富多彩的社會，自己獲得了自由。沒想到她很快就發現，自己不但感覺不到自由，甚至還寸步難行！原來，現實是殘酷的，她根本就沒有能在社會上立足的資本。例如：她想找一份工作，然而，她各方面的素養都達不到用人單位的要求，所以，連一份工作都找不到。最終，她不得不返回學校重新學習。而這次的學習則是她主動要求的。

進入社會後，另一種學習才剛剛開始。上學時，學習是目的，是為了考試能得高分。工作後，學習是手段，是為了讓我們獲得更多東西，比如金錢、地位、快樂、人生價值等等。

在這個社會裡，你不主動去學習，不讓自己去進步，沒有人會強迫你，甚至幾乎沒有人提醒你。然而，如果你的個人競爭力越來越弱，比

035

第一章　隨身碟式生存：從「零件」到「航母」的進化之路

你強的人就會替代你；當你因為適應不了職場或社會的新變化時，你很可能會被淘汰出局；你越安於現狀，不思進取，就越容易變得無能；越無能，就越容易給予競爭對手打敗你的好機會。有一個社會法則很多人都知道：適者生存，不適者被淘汰。如果你不再學習、成長，不能主動適應這個競爭激烈的社會，未來必被這個社會拋棄。

在社會中，我們常常能見到這樣一些人，他們剛做一件事業時，會很用心很努力，不怕苦不怕累。當事業有了起色後，他們信心更強了，做得更起勁了。然而，當事業略有小成後，他們便變得小富即安，不思進取，認為自己可以開始享受了。

在職場裡，我們時不時能看到這樣一些人，他們進入一家企業後，剛開始工作時表現得很積極、很主動、很愛學習。但當他們成為中層幹部甚至「資深員工」後，卻覺得自己的發展已經到了天花板，再也難以突破了，於是對自己的將來感到迷茫，變得沒有動力，對工作失去了熱忱。

有人把這種小富即安、對自己的現狀很滿意、沒有新的欲望、不再去學習與成長、不再向前邁進的工作與生活狀態，稱為「封頂」。

一個人如果對自己進行了「封頂」，就會失去學習與工作的熱情、動力。然而，對於絕大多數人來說，在一生當中，經常都會陷入「封頂」的錯覺。為什麼會這樣呢？因為人是很容易懈怠的動物，在達成了一定的目標、取得了一定的成績後，就容易變得不想去主動改變，要知道，改變是要承擔風險的。所以，人在這種時候會很容易停下腳步來。

在實現了一個目標後，如果你不能根據情況的變化，制定出更高的目標，就很容易失去激情與動力，從而無法激勵自己繼續向前走，結果

不斷進步、永不封頂的人任何時候都不會被淘汰

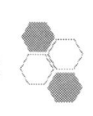

就讓自己陷入「封頂」的狀態。但其實，「封頂」只是我們的主觀感覺。真正知識淵博的人往往會覺得自己懂得太少，真正胸懷大志、有遠大使命的人往往會覺得自己做得還不夠好。

逆水行舟，不進則退。當一個人驕傲自滿後，就已經「封頂」了。這種自滿的感覺讓這個人再也裝不下更多的東西，從而停止了學習，失去了前進的動力，即使世界正在改變，機會就在眼前，他也視而不見，不再進步。然後，他就開始走下坡路了。

要避免自己在未來遭遇生存、發展的危機，我們很有必要讓自己成為「永不封頂」、不斷進步的人。具體怎麼做呢？不斷學習，不斷進步，讓自己總能輕鬆適應未來的種種變化和意外的發生，能夠有足夠的能力去解決未來遇到的各種難題。

學習什麼好呢？若想靠學習來增加為事業打拚的資本，就必須將學習與自身的職業生涯規劃緊密地連繫起來，達到學以致用。學習的內容一定要選擇能使自己的價值得到提升的部分，能彌補自己的不足之處。要透過學習明白自己真正學到了什麼東西，什麼東西能使「自我增值」達到最大化。

總之，在你的職業發展過程中，當你處於一種迷茫、徘徊、很難取得進步的狀態時，或者當你沒有安全感與歸屬感、甚至害怕有一天會被炒掉時，就是你迫切需要學習、進步的時候。當你有了這種緊迫感，並且開始主動努力學習與進步時，你必定比大多數人都更能適應現在和未來。所以，不斷進步、永不封頂的人，任何時候都不會被淘汰，反而是企業、組織很倚重的骨幹。你越早成為這樣的人，越早便會受到企業、組織的青睞與重用。

第一章　隨身碟式生存：從「零件」到「航母」的進化之路

第二章
風口上的翅膀：
掌握時代紅利的生存智慧

第二章　風口上的翅膀：掌握時代紅利的生存智慧

▌找不準自己的定位，
　　再多的努力也是白費

　　琳琳長得不是很漂亮，但歌唱得很好。所以，有一位朋友把她介紹進了一家旗下有很多歌星的唱片公司。這位朋友希望琳琳在這家公司的幫助下，能夠在將來成為一名歌星。在透過一番試唱和考試後，她成功進入了這家唱片公司，更重要的是，當時大家都認為，她在歌唱事業這條路上走下去，一定會大有作為。

　　然而五年過去了，琳琳依然沒有闖出什麼名堂來，當初介紹她進這家唱片公司的朋友很不解，親自打電話給該公司的一位音樂總監：「為什麼琳琳到現在還沒有在音樂這條路上做出一點點成就？正常來說，她現在應該有一些代表作了。我聽說和她同期進入公司的好幾位歌手，現在都已經出了自己的專輯，有一位甚至已經有了一首街知巷聞的單曲！」

　　音樂總監回答道：「我原來對琳琳也抱有非常大的希望，所以從她進入公司後開始，就一直悉心栽培她，無論什麼樣的優質資源都先考慮她。但令我很意外的是，她根本就沒有把心思放在唱歌上，而是把大部分的時間與精力都放在了穿著打扮和拋頭露面上。」

　　琳琳的朋友又問：「你有沒有好好地提醒她，給她建議？」音樂總監說：「我以及好幾位公司主管都曾苦口婆心地勸過她，應該把主要精力放到唱歌上，努力提升自己的歌唱水準，多花時間在練歌上。但她都聽不進去，反而堅持認為自己是偶像派加實力派，實力已經足夠，現在要做的就是努力把偶像氣質和影響力做出來。」

　　琳琳的朋友聽到這裡，嘆息了一聲。總監也跟著嘆息了一聲，然後

找不準自己的定位，再多的努力也是白費

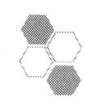

繼續說道：「我們很多次都跟她講，她的最大長處是唱歌，但她自己則認為，自己不但唱歌很棒，長得也很漂亮。她前兩年還一度向公司請了半年多的假，去參加各種電視選美節目，結果每次都落選。所以幾年過去了，她偶像派沒做成，歌唱事業也被耽誤了。反而和她同期進來的那幾個人，雖然剛開始都不如她，但在專業老師的指導下，唱歌水準有了很大的提升，都已經超過了琳琳。有一位更是成為歌壇新秀！她現在不但沒有亡羊補牢，從頭開始，反而開始混日子了，我怎麼說她都不聽。唉，好好的一顆苗子，就這樣毀了，真可惜啊！」

這個案例啟示了我們，一個人如果找不準自己的定位，很可能會誤了自己的前程，毀了自己的天賦。如果不能在自己的優勢、天賦上下功夫，付出再多的努力恐怕都會白費。常言道，人貴有自知之明。能夠了解自己，知道自己的天賦、優勢、長處在哪裡，最擅長什麼，這是最可貴的。

如果你天生一副好嗓門，卻不努力在歌唱事業上好好發展，便是浪費了自己的天賦；如果你很會編寫程式，卻偏偏讓自己去做理髮師，就是浪費了自己的優勢；如果你很善於與陌生人打交道，很容易說服別人，卻不去做業務、管理之類的工作，偏偏要把自己放在實驗室裡讓自己研究自己很不喜歡的化學，你就是在為難自己，拿自己的人生開玩笑。事實上，任何取得過巨大成就的人，都能深刻了解自己，找準自己的定位，並充分地發揮自己的優勢，最終透過不懈的努力，登上事業的巔峰。

著名作家瓊瑤擅長寫催人淚下的愛情故事，她創作出來的六十多部愛情小說，每一部都讓億萬讀者手不釋卷。同時，這些小說每一部都拍成過淒美的電影或者電視劇，賺盡了無數觀眾的愛與淚。瓊瑤可以說是

第二章　風口上的翅膀：掌握時代紅利的生存智慧

非常成功的小說家了。其實，瓊瑤並沒有高學歷，沒有上過大學，只有一張高中畢業文憑。為什麼她沒有上大學呢？因為她除了國文成績很好之外，別的科目都非常差，她自己學起來都非常吃力。但她最值得世人學習的一件事就是，她從高中時就給自己進行了準確的定位，知道自己以後的人生該走什麼樣的路，那就是文學之路。或者說，自己以後要靠寫作來養活自己，以及建立自己的事業。她給自己這樣的定位，是因為她當時就很清楚自己的特長是寫作。結果證明，準確的定位，再加上自己不斷的努力，使她成為華語文壇舉足輕重的人物。

很多人離開學校進入社會後，總覺得自己可以做很多職業，什麼工作只要自己努力就能做得非常出色。然而，事實並非如此，你一定要找準自己的定位，才能讓自己的努力獲得最大的回報。在選擇職業方向時，你要首先冷靜分析自己的天賦、優勢；以及缺陷、劣勢怎麼學都掌握不了的技能。其次，你要看看哪些工作是你感興趣的，在從事的時候給你帶來的快樂會遠多於痛苦。第三，你要清楚地知道自己人生的終極目標、長期目標、中期目標、短期目標都是什麼，你對自己的期待以及家人對你的期待都是什麼，你未來究竟想過什麼樣的生活；第四，要了解自己的世界觀、人生觀、價值觀都是什麼；第五，對自己的性格了解得非常清楚。

著重說一下性格。俗話說，「性格決定命運」。只有自己的性格與你所從事的職業相匹配、相適應，你工作起來才能得心應手、心情舒暢，也才更容易成功。所謂性格，其實是一個人的慣性行為方式的集合，一旦形成，很難改變。所以，我們一定要盡可能尋找適合自己做、自己擅長做的工作，這樣才能充分發揮自己的性格優勢，避免或減少個性因素對事業的影響。如果你性格沉穩內向，適合做一些文職類的工作，如編

輯、統計、會計、程式設計等；如果你性格活潑外向，適合做一些開拓性的工作，如業務員、經紀人、股票分析師、編導等。

為什麼世界上有那麼多平庸的人？因為很多人都正在從事與自己的性格格格不入的工作。雖然他們工作時兢兢業業、任勞任怨，遇到困難時不畏艱險、百折不撓，但還是無法擺脫平庸，因為他們背離了自己的天性，所以被拒於成功的大門之外。

總之，當你能夠針對上述五個方面，對自己進行深入的調查、分析與總結，你就一定能夠盡可能充分地了解自己，為自己進行準確的職業定位。有了準確的職業定位，我們才能選擇適合自己發展的行業。

當你能夠準確定位，然後圍繞定位去努力地累積並善於利用自己的資源，理性地抵抗外界的干擾，不輕言放棄，就會在事業上獲得可持續的發展，不斷取得或大或小的成功。當然，給自己定位是動態的事情，當自我與環境發生重大變化時，就需要重新定位。有時候，走一些彎路、多花一些時間也無妨，因為認清形勢、理性地思考出路才是最重要的。

第二章　風口上的翅膀：掌握時代紅利的生存智慧

選對「風口」：
站在風口上，豬都能飛起來

小米創始人、董事長兼 CEO 雷軍曾說過這樣一句天下皆知的話：「只要站在風口，豬都能飛起來。」他為什麼會說出這樣一句話呢？在他40歲那年，他在一個小圈子的聚會裡，彷彿突然發現了生命的密語。對此，他這樣寫道：「我領悟到，人是不能推著石頭往山上走的，這樣會很累，而且會被山上隨時滾落的石頭給打下去。要做的是，先爬到山頂，隨便踢塊石頭下去。」

後來，他還在微博上為這段話用了這樣一句話作為總結：「只要站在風口，豬都能飛起來。」第一次說類似於「只要站在風口，豬都能飛起來」這樣意思的話的人並不是雷軍，因為這句話其實是改編自他以前聽到過的某位老闆說過的一句話。

在40歲以前的很長一段時間裡，雷軍其實都過著「推石頭上山」的生活，尤其是在金山公司上班的歲月裡。「金山的同事們非常勤勉努力，而且聚集了一群最聰明的工程師。但這家創立了16年的高科技公司，卻花了整整8年時間才完成上市。面對微軟軟件（軟體）和盜版軟件的雙重夾擊，金山軟件一直竭盡全力去開發與推廣，卻總是成就有限。後來，靠遊戲業務才得以上市。」雷軍如是說。

當雷軍和金山公司的員工們像「推石頭上山」那麼辛苦地讓金山公司終於上了市，結果卻發現，公司的市值遠遠地落在了其他網際網路公司的後面。後來他才明白，那些把自己甩在後面的公司，做的是「先爬到山頂，隨便踢塊石頭下去」的事。

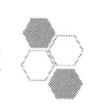

後來，雷軍體會到創業能否成功，首先要靠命。可是命是什麼呢？雷軍認為：「所謂命，就是在合適的時間做合適的事。創業者需要花大量時間去思考，如何找到能夠讓豬飛起來的颱風口，只要在颱風口，稍微長一個小的翅膀，就能飛得很高。」

「我只要一認命，一順勢，我就發現風生水起。原來不認命的時候老幹逆天而為的事情，那叫『軸』。」雷軍感慨道。

雷軍是從什麼時候開始「認命」、「順勢」，結果令自己「風生水起」的呢？從他 2004 年開始做天使投資人的時候。這一年開始，離開了金山公司的他，便開始滿世界尋找可以投資的好專案。

雷軍投資的第一個專案是孫陶然創辦的拉卡拉公司。孫陶然和雷軍從 1996 年就開始認識，是多年的好朋友，且對事物有大致一樣的判斷與見解。由於對孫陶然非常了解，所以當孫陶然決定創業後，雷軍就說了，如果我是投資人，孫陶然「無論做什麼我都投」。果然，當他成為投資人後，第一個投資的就是孫陶然的專案。其實，不僅僅是對孫陶然，但凡雷軍看準的人，他都會「無論做什麼我都投」。比如：他給陳年的凡客誠品做投資，給俞永福的優視科技做投資，理由跟投資孫陶然的是一樣的。

從 2004 年開始，雷軍在投資上一直奉行這樣的三大原則：不熟不投、只投對的人、投資後幫忙不添亂。到 2015 年為止，除了小米外，雷軍一共投資了 27 家企業。眾所周知的是，小米如今已經是中國非常成功的企業了。

事實上，雷軍投資的其他企業也不斷地給他帶來巨大的報酬。例如：他投資的優視科技和歡聚時代這兩家公司，當初總共投進去的錢是 1,000

第二章　風口上的翅膀：掌握時代紅利的生存智慧

萬元人民幣，後來帶回的報酬大約有100億元人民幣！這其實已經證明了雷軍選對「風口」所得到的巨大成功了。何況，他還有全球著名的小米公司。雷軍在投資上都選哪些「風口」呢？我們會發現，他投資的企業是沿著行動網路、電子商務和社交三條線整齊分布的。雷軍自稱「無一失手」。

做了幾年投資後，雷軍不甘於只做一個投資人，所以決定再出來創業，於是便有了小米公司。這是雷軍的第二次創業。當時他曾說，什麼是現在的「風口」呢？「現在，移動（行動）電子商務和互聯網消費電子就是這個颱風口。」在剛剛成立小米公司的時候，雷軍就已經確信自己找對了風口，是在順勢而為：「小米並不是做手機，而是嘗試用互聯網的方式去做消費電子，這其中的機會大得驚人。」幾年後的事實證明，他是對的。

雷軍用自己的成功之路詮釋了什麼是「站在風口上，豬也能飛起來」。他的成功之路也啟示我們，努力很重要，但選擇比努力更重要！如果順勢而為，就能風生水起；如果逆勢而行，就會像「推石頭上山」般辛苦，而且還遠遠沒有那些順勢而為的人收穫得多。

如果你在大公司剛開始發展時就在裡面工作，並且一直在裡面沒有離開，那麼當這些公司上市時，你馬上就實現財務自由。可見，只要選擇對了站在風口的公司，你也能跟著一起成功。

假如沒有站在「風口」上，不選擇順勢而為，會有什麼樣的後果呢？以中國為例，百度的市值曾經比阿里和騰訊都高，在行動網路時代卻成了後兩家公司市值的零頭，原因是百度錯估了行動網路對整個流量入口的顛覆性重塑。中國移動和中國聯通競爭了那麼多年，最終卻都敗給了

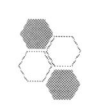

微信。因為微信的出現，讓人們變得幾乎不再用手機傳送簡訊，甚至很少去打電話了。

自從外送行業橫空出世後，各種可口的美食只需要半個小時左右就能送到你的手上。結果，泡麵行業受到了巨大的衝擊，銷量大幅度下降。

Nokia 的沒落，不是因為 Motorola、愛立信也不是因為 BlackBerry，而是因為觸控式螢幕手機的全面普及。Nokia 沒有站在正確的趨勢上，所以就「死」了。

世界的發展與時代的進步從來都不會憐憫任何人，無論你是一家企業，還是一個人，如果你不思進取，必定會被淘汰出局。

「站在風口上，豬都能飛起來」順勢而為，就能「時勢造英雄」。當然，你一定要學會如何辨別「風口」在哪裡，然後迅速行動，勇敢地站在「風口」上。這樣，你才有可能被風吹起來，成為時代的英雄和成功人物。

第二章　風口上的翅膀：掌握時代紅利的生存智慧

▍順勢而為：
越快適應時代變化，越早享受社會紅利

在當今這個劇變的時代，如果你選擇當一個旁觀者，你肯定什麼都得不到；如果你逆勢而行，再多的努力也會白費，損失會比當一個旁觀者還大；只有當你選擇順勢而為，你才能事半功倍，受到時代的青睞。

無數事實證明，越能主動參與到時代的發展當中去，越能快速地適應時代的變化，就會越早享受到時代給予的社會紅利，獲得巨大的回報！

美國著名社群網站 Facebook（臉書）的創始人祖克柏，被譽為是世界網際網路領域裡繼微軟創始人比爾蓋茲之後最耀眼的天才。祖克柏和比爾蓋茲都考上了哈佛大學，後者還是前者的偶像，而且，兩人均是大學期間中途退學去創業，並取得了巨大的成功。因為他們都抓住了這個時代最大的發展趨勢和機會，並且都有能力去抓住，所以寧可退學去主動參與進去，也不願意等到大學畢業後再去創業。因為他們都明白一個道理：時間和機會都是不等人的。

和比爾蓋茲一樣，祖克柏也是一個電腦高手，雖然他在哈佛主修的是心理學。電腦技術高超的他，曾成功地入侵過哈佛大學的資料庫，將很多學生的照片資料放到了自己的網站上。這讓他在哈佛校園裡名聲大震，也讓他的網站在極短的時間內受到了很多人的關注。

世界網際網路行業在 2000 年以後開始大洗牌，首先是行業裡的泡沫開始迅速破滅，這導致諸多名震一時的網際網路公司紛紛破產，或者尋求收購。在那段時間裡，網路界哀鴻遍野，早期進入者紛紛謀求退路。

順勢而為：越快適應時代變化，越早享受社會紅利

然而此時的祖克柏卻比很多同行都要更快地適應了時代的變化，更堅定地經營自己的網站。

2004年，祖克柏在網際網路行業的春天來臨之前正式推出了自己的社群網站Facebook，過沒多久，網際網路行業的春天重新回來了！於是，祖克柏得到了一筆1,200萬美元的投資，這幫助他的網站更加迅速地成長起來。很快，他的Facebook便發展成為美國第二大社群網站，註冊人數超過100萬。在這一段時間裡，祖克柏順勢而為，抓住了世界網際網路行業的第二浪潮，讓自己一舉成功，躋身到了億萬富翁的行列。

市場潮起潮落是正常的事。如果你在潮落之時不能堅定自己的信心，不能看清行業發展的趨勢，不知道行業的最大機會和未來的最大盈利點在哪裡，你很難成為行業裡享受到最大的社會紅利的人之一。只有當你比別人都更快地適應時代和行業的變化，你才能在潮起之時，看到行業裡的最大機會，然後迅速抓住，順勢而為，最終助自己贏得行業裡最大的社會紅利。

無論在哪個商業時代，無論在哪個行業，那些收穫到最大社會紅利的人，往往是最先發現時代最大變化和行業最大機會的人。為什麼他們能率先發現呢？因為他們總是主動參與進去，用比別人更快的速度去適應變化。當你置身於發展大潮之中，跟隨潮流向前發展的趨勢時，你將更容易到達時代的前沿，成為時代的領先者。

一個人成功的機會有很多，最輕鬆的成功方法，莫過於藉助時代發展的趨勢。如果你周圍已經有人成為時代的跟風者，取得了讓你羨慕的成就，你也不必灰心，只要你看準了時代的變化與發展的趨勢，同樣能找到屬於你自己的獨特的成功之道。

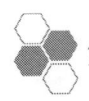

第二章　風口上的翅膀：掌握時代紅利的生存智慧

「二戰」結束後，聯合國成立。成立後，聯合國的成員們決定把總部設在美國的紐約。然而，當他們準備在紐約找一個地方修建總部大廈時才發現，由於經費有限，聯合國組織居然在紐約買不到足夠的地皮。

當美國著名的超級富豪、「石油大王」約翰·洛克斐勒得知了這一消息後，便決定參與進去，助聯合國一臂之力。為什麼他要這麼做呢？因為他看準了當時的國際形勢，清楚地知道聯合國在美國外交和世界國際形勢變化中的重要作用與顯赫地位。很快，他便大大方方地免費贈送了聯合國一塊地皮，讓聯合國用來建一幢總部大廈。聯合國成員們當然對此求之不得。

洛克斐勒自然不會做賠本的事。由於聯合國在國際事務中的影響力越來越大，其總部所在地自然就很快成為全世界矚目的中心。於是，聯合國總部的地價迅速飆升。到了這個時候，大家才發現，原來這一切盡在洛克斐勒的掌握之中，他已經預先把聯合國總部周圍的所有地塊都買下了，正等著地價的升值呢！當聯合國總部的地價不斷飛漲時，他的地塊的價格也在翻倍飆升！

機會無時不有，無處不在，只要你有發現的眼光。洛克斐勒就擁有發現機會的眼光和化機會為財富的能力，所以他成為超級富豪。而在當今時代，其實處處都有讓你出人頭地的成功機遇。只不過，這需要你主動去適應這個時代，能夠做到順勢而為，選對「風口」。如果你不能跟緊時代的步伐，是很難取得成功的；如果你當一個旁觀者，不願意主動適應時代的變化，不參與到時代的發展當中，很容易就會被時代所拋棄。

怎樣才能掌握時代的變化，確定自己行動的方向呢？建議你經常關注時事動態，至少保留 5 家媒體作為你的消息來源，這樣你才能跟得上

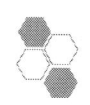

時代的腳步,並從中聽到成功的聲音究竟在哪裡。

　　當你看到了時代的轉機,卻沒有足夠的資本去利用它時,你也不必沮喪,只要你努力去尋找方法,肯定能把握住機會,化機會為你的財富與成功。其實,成功的方式方法多種多樣,只要你始終能和時代一起變化、發展,順勢而為,就一定能享受到屬於你的社會紅利,擁有屬於自己的成功。

第二章　風口上的翅膀：掌握時代紅利的生存智慧

● 今天的選擇，決定你三年後的生活

　　人生的一個真相是，你有什麼眼光，就會做出什麼樣的選擇；你做出什麼樣的選擇，就會獲得什麼樣的結果，過上什麼樣的人生。你現在的生活，往往是你三年前選擇的結果；要想三年後過得好一點，從現在開始，你就需要做出正確的選擇。

　　曾看過這樣一個故事：

　　有一個古巴人、一個法國人和一個猶太人同時被關進了一所監獄裡，都要在牢裡服刑三年。在進入監獄的時候，監獄長允許他們每個人提一個合理的要求。古巴人非常愛抽雪茄，便向監獄長要了三箱雪茄，這樣未來的三年，自己都能時不時地抽到心愛的雪茄。熱愛浪漫生活的法國人，向監獄長要了一位美麗的女子與自己相伴。而那位猶太人則向監獄長要了一臺能與外界聯絡的電話。

　　時間過得很快，三年轉眼而逝。這三個人已經到了出獄的時間。當監獄大門打開時，古巴人率先衝了出來，只見他嘴裡和鼻孔上都塞滿了雪茄，正在向接他出獄的朋友大喊道：「給我打火機，給我打火機！」原來三年前，他忘記向監獄長要打火機、火柴之類的東西了。

　　第二個走出監獄大門的是那位法國人。只見他手裡抱著一個孩子，身旁的美麗女子手裡也牽著一個孩子，她肚子裡還懷著一個孩子。

　　最後出來的是猶太人。走出大門時，他緊緊握住送他出來的監獄長的手說：「謝謝你送了一臺電話給我。這三年來，我用這臺電話每天與外界聯絡，所以，我的生意不但沒有停止，反而成長了300%，為了表示對你的感謝，我現在送你一輛賓士轎車。」

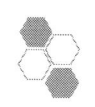

由於選擇的不同，身處同樣環境的三個人，得到了完全不一樣的結果。他們今天所得到的一切，都是由三年前他們的選擇所決定的。可見，你有什麼樣的選擇，決定了你今後擁有什麼樣的人生。你今天的現狀是你幾年前選擇的結果，成功者選擇了正確的方向，而失敗者選擇了錯誤的道路，成功與失敗的區別也就在於此。

人生的策略布局和生涯規劃，很像我們去大城市的車站或轉運站搭車，當你離開某個轉運站後，一個小時後你會到達什麼地方，完全由你當下買什麼路線、車次的票，然後坐上哪一班次的車來決定的。

有一天，老胡帶著自己5歲的兒子去逛商場。在路過一處紅綠燈時，兒子看到一位戴著棒球帽子的中年男子正拿著一塊廣告牌，站在路口，當紅燈亮起來、馬路上的車都停下來等綠燈時，他就會把手上的牌子高高舉起來。

於是，兒子就問老胡：「爸爸，為什麼都是大人，有的叔叔會站在馬路上紅綠燈那裡晒太陽，有的叔叔會站在速食店裡賣速食，有的叔叔會站在商場裡的櫃檯前面吹著冷氣？」

老胡回答道：「這些叔叔站在哪裡都是一件很正常的事啊！因為每個人想站在哪裡、會站在哪裡，都是自己的選擇。」

兒子很不理解：「選擇？那為什麼紅綠燈路口這裡站著的叔叔，為什麼不馬上選擇到速食店上班，或者選擇去商場的櫃檯前面吹冷氣呢？在裡面總比在馬路上待著舒服啊！室外那麼熱。」

老胡嘆了一口氣，然後才對兒子說：「孩子，我說的選擇，不是他們現在的選擇，而是他們半年前一年前甚至是三五年前的選擇。他們現在想站在什麼位置，或者不得不站在什麼位置，都取決於他們在一段時間

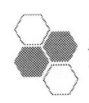

第二章　風口上的翅膀：掌握時代紅利的生存智慧

之前所做的決定、他們本身努力，以及時間的累積。換言之，他們必須站在什麼位置，而不能隨心所欲地想站在哪裡就站在哪裡，完全是以前的選擇所決定的。」

老胡的兒子聽完之後，似懂非懂地點了點頭。但老胡覺得，兒子這麼小，對社會和人生了解得還太少，應該很難明白自己的這一番話。然而，在社會中、在職場裡，有很多人對於這樣的道理，也不怎麼懂，所以他們整天抱怨著自己今天所站的位置，卻很少去反思自己為什麼會站在今天這個自己非常不滿意的位置，沒有好好地去想過，三五年前自己做錯了哪些選擇。

在我們周圍時不時都會聽到有人抱怨老天爺對自己很不公平，讓自己工作不順利，生活不開心，感情不如意等等。殊不知，你現在得到的一切，無論是好的還是壞的，無論是順心的還是讓自己不開心的，全都是你以前選擇的結果。成功的人生，就是做正確的選擇遠多於錯誤的選擇，失敗的人生，就是做錯誤的選擇遠比正確的選擇要多。

如果一個人在學生時代選擇了討厭讀書，結果往往是不學無術，學歷很低，進入社會以後，很可能只能混跡於社會的底層，過著非常辛苦、整天感覺到不公平、很難受的生活。而如果一個人在學生時代選擇了努力讀書，拚死也要考進一所名牌大學，那麼這個人進入社會之後，過得就會比前者好得多，社會地位也會比前者高得多。

當機會來臨時，你選擇勇敢地去把握住，很可能你就賺到了第一桶金；如果你選擇了猶猶豫豫，想再看一看，等一等，那麼最後什麼都等不到。當你遇到了一個心儀的對象，你選擇了去告白，那麼你很可能就脫單了，如果你膽怯地選擇不開口，那麼你很難和對方牽手。

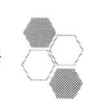

無論你得到什麼樣的結果，是好的結果或者壞的結果，都源於你之前的選擇。人生就是在做這樣的一個個小小的選擇，正確的選擇越多，人生就越精采，成就就越多。錯誤的選擇越多，人生就越灰暗，不幸就越多。

　　著名主持人蔡康永說過：「15歲覺得游泳難，放棄游泳，到18歲遇到一個你喜歡的人約你去游泳，你只好說『我不會耶』。18歲覺得英文難，放棄英文，28歲出現一個很棒但要會英文的工作，你只好說『我不會耶』。人生前期越嫌麻煩，越懶得學，後來就越可能錯過讓你動心的人和事，錯過新風景。」

　　選擇了不撐傘，就要扛得住太陽的曝曬或者暴雨的澆淋；選擇了不減肥，就要接受自己穿不上好看的衣服的現實；選擇了接受一段感情，就要同樣接受感情帶來的不自由；選擇了不放棄那個不喜歡你的人，就需要接受單戀給你帶來的苦澀與折磨；選擇了安於現狀與懶惰逸樂，就要接受三年之後的一事無成，生活艱難。所以，請學會選擇，懂得放棄。最後，願你永遠都不會後悔現在的選擇。

第二章　風口上的翅膀：掌握時代紅利的生存智慧

選出應該做的正確之事然後都做好，你就能成功

什麼是「應該做的正確之事」呢？我們先看這個小故事：

有一天晚上，克里在家裡不停地走來走去，好像是在找什麼東西。他妻子問他在做什麼。克里有點著急地對她說：「我把結婚戒指弄丟了！」妻子問他：「你是在臥室裡弄丟的，是嗎？」克里說：「不是。」「那是在客廳裡嗎？」「不是。」「是不是在廚房裡弄丟的？」「不是，都不是。」

妻子問他：「那你記得是在哪裡弄丟的嗎？」克里指了指窗外，說：「在外面的草坪上弄丟的。」妻子很生氣地問克里：「那你為什麼在屋裡找啊？為什麼不到草坪上找呢？」克里說：「因為屋裡開著燈，而外面沒有啊。」

在這個故事裡，克里就沒有做「應該做的正確之事」。他的「應該做的正確之事」是去草坪尋找自己丟失的戒指。俗話說：「在舊地圖裡，發現不了新大陸。」在南極大陸，你永遠也找不到北極熊。而無論對於企業、組織，還是個人來說，想要取得自己期望的成功，都必須懂得選擇出那些應該做的正確之事，然後把它們都一一做好，這樣，你才能獲得你真正想要的成功。

EntrePreneur 雜誌在某一期內容裡介紹說：美國 80% 的企業破產，是因為沒能正確地做事；而中國 80% 的企業破產，是因為沒有做正確的事。沒能正確地做事，說明是在做應該做的正確之事，只是落實的方法和落實的能力出了問題。沒有做正確的事，說明從一開始就走錯了方

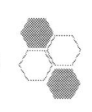

向，做了不應該做的事，做了錯誤的事。所以，即使是正確地去做了，也肯定得不到自己想要的結果。借用剛才那個小故事裡說的，美國企業失敗的一個主要原因，是在草坪裡一直都找不到戒指；中國企業失敗的一個主要原因，是壓根就沒有去草坪找戒指。

為什麼有些人創業能夠成功，有些人創業卻會失敗呢？這兩者之間的最大區別在哪裡？是背景問題還是能力問題，是知識多寡的問題還是財力是否雄厚的問題？有成功雜誌在深入調研、分析後發現，這些都不是主要原因，可能在很多方面，成功的創業者甚至不如失敗的創業者，但至少有一方面，成功者做得遠比失敗者出色，那就是在選擇做可以做好與應該做好的正確之事上。成功者往往更擅長選出那些應該做好的正確之事，然後迅速做好。由此可見：最終讓一個人從失敗或者平凡中一躍而起變為成功者的原因，是要學會選擇並迅速做好那些應該做的正確之事。

好鋼就要用在刀刃上。選擇去做應該做的正確之事，並把它做好，你的成功率將高得驚人。堅持心無旁騖，不去旁生枝節，你的每一分投入都是在往成功的大廈上加一塊磚，而不是拆一塊板。如果你不能去做應該做的正確之事，反而是在做錯誤之事，那麼你即使再努力，也解決不了問題，得不到任何的成功。

在某家動物園裡，有一段時間，袋鼠總是每天都會跑出籠子，到外面去玩。這讓管理員們覺得很頭痛。管理員們認為，袋鼠之所以能逃到籠子外面，肯定是因為柵欄太低了，因為袋鼠都跳得很高。為了阻止袋鼠們偷跑出去，管理者們把籠子的高度由 10 公尺加高到了 20 公尺。

沒想到第二天袋鼠又逃了出去。管理員們只好又把籠子的柵欄增高

第二章　風口上的翅膀：掌握時代紅利的生存智慧

到 30 公尺。但是到了第三天，袋鼠又出現在了籠子外面，管理員們都快要瘋掉了，索性一不做二不休，把籠子加高到了 50 公尺。

看著管理員們不停地加高柵欄，依然沒能阻止袋鼠天天跑到籠子外面去。直到有一天，一位管理員才真正發現了問題的關鍵所在。原來，袋鼠在籠子不斷加高之下還能往外跑，是因為他們總是忘記關籠子的門！為什麼他們會忘記關門呢？因為每個管理員都以為別的管理員肯定已經把籠子的門關了，結果造成了門一直沒有關。

如果你做的是不應該做的事，是錯誤之事，那麼即使你再努力地去做，也得不到你想要的成功。但現實中總有一些自以為是的人，他們往往按照自己的看法去做事情，而不是選擇去做應該做的正確之事，所以他們總是把自己的才華與時間浪費在了錯誤的和不應該做的事情上，卻沒能選擇去做那些正確的和應該做的事情。因此，他們總是得不到成功女神的青睞。

佛教裡有一個孽障叫做「我執」。有「我執」之障的人非常自負，很容易一意孤行。他們的自負就像矇住他們眼睛的黑布，讓他們看不到自己應該做的正確之事。而對於一些無關緊要但會彰顯他們出色個人能力的事情，他們卻會樂此不疲地投入大量的時間與精力。無數事實已經教育我們：你往正確的事情上投入的時間、精力越多，獲得的成功就越大；你往錯誤的事情上投入的時間、精力越多，就越浪費資源，越害你自己一輩子。

但凡取得了巨大成就的人，往往在這一點上都有著非常深刻的理解。他們知道，除了應該做的正確之事外，其他的事情即使看起來報酬再豐厚，也盡量不要去做。換言之，那些站在自己的立場上去看，不符

合「正確」與「應該」這雙重標準的事，就堅決不去做。

微軟公司的競爭力為什麼如此強大？因為這家公司只做軟體。所有軟體生產商不應該做的事情，比如金融投資、房地產開發、石油開發等，即使利潤非常高，他們也不屑一顧。不應該做的事情，就是做對了也是錯的。這就是為什麼盡可能只做應該做的正確之事會讓你成功的原因。

「股神」華倫·巴菲特也一直堅持在做應該做的正確之事──價值投資。從第一筆投資開始，巴菲特就專注於尋找有發展實力但是股價被低估的企業。他一直堅持這樣做了數十年，所以一度能成為世界首富。

誠然，不進行價值投資也能在股市裡獲得巨大的財富。例如曾經利用「避險基金」等短期套利的股票大鱷，如索羅斯之輩，就是這樣能在股票市場上呼風喚雨的高手。但是，巴菲特從來只堅持做應該做的正確之事，對於索羅斯之流透過損傷別的公司甚至別的國家的經濟健康的套利方式，即使很賺錢，他也絕不會去做的。因為他知道，那不是應該做的正確之事。

不應該做的事，做對了也是錯。應該做的正確之事，一件一件選出來，然後都做好了，那麼，你的成功就只是時間的問題而已。

第二章　風口上的翅膀：掌握時代紅利的生存智慧

● 以創造力征服變化，用創新為成功加速

　　創新是我們人類不斷主動地適應環境變化的一種顯著表現。相信大家都一定知道這樣一條道理：「世界上唯一不變的就是變化。」

　　活在這個世上，我們每個人每一天都要面對各式各樣的變化，有些變化和我們息息相關，我們必須勇敢面對，甚至要克服。在這個變化不斷增多的世界，我們以往很多的成功經驗現在已經不管用了，所以必須要用創新來幫助我們克服變化，收穫新的成功。

　　如果你稍微留意就會發現，很多曾經很流行的東西，過一段時間便會無人問津；很多讓人滿意的事物，過了一段時間後便被人遺忘。為什麼會這樣呢？因為我們正身處競爭激烈的社會，競爭對手們會想方設法推陳出新，而消費者們的需求也在不斷地變化。

　　如果你總能發揮創新的威力，不斷用創新性的東西去滿足人們的需求，你就一定能立於不敗之地，甚至在同行裡處於領先地位，成為最大的贏家。

　　1960 年，伊夫・聖羅蘭開始創業，他的主打產品是一項美容產品。產品剛剛上市時，他很賣力地去上門推銷，也沒有能賣出幾件。然而，到了 1985 年的時候，他已經擁有了 960 家分店，他名下大大小小的企業更是分布在了世界很多國家。他的公司，也早已成為法國首屈一指的化妝品公司。

　　為什麼伊夫・聖羅蘭會取得如此大的成就？在這二十多年的時間裡，他究竟做了哪些努力？伊夫・聖羅蘭能取得這麼大的成功，離不開優質的產品和良好的售後服務。但最重要的成功因素，是他的創造力。

以創造力征服變化，用創新為成功加速

話說 1958 年的某一天，在機緣巧合之下，伊夫・聖羅蘭從一位年邁的醫生那裡獲得了一份治療痔瘡的藥膏祕方。很快，他在這個祕方的基礎上，又往裡面新增了很多種植物精華，然後製造出來一種香脂。接著，他利用所有可能的時間，開始推銷這款新產品。然而，他剛開始能想到的就是去上門推銷。但這並不是一件簡單的事，例如：他經常要忍受顧客的白眼。因為沒有任何推銷經驗，所以他剛開始時賣出去的產品屈指可數。

為了打開這款產品的銷路，他真的是絞盡了腦汁，想盡了方法，但都收效甚微。有一天，他在看一本叫《這裡是巴黎》的雜誌時，突然靈機一動，心想我為什麼不在這本雜誌上刊登一條消息，讓讀者知道我有她們需要的東西呢？

想到了就馬上去落實。於是，他從自己的積蓄中拿出了很大一筆錢作為廣告費。他的很多朋友都認為他太衝動了，因為他們覺得這種產品不一定能受到消費者們的歡迎。如果登完廣告後，他的產品還是賣不出去，那麼他將面臨破產的危機。正當朋友們都在為他擔心時，他在雜誌上刊登的廣告已經和讀者們見面了。很快，他的產品開始在巴黎熱賣。那些廣告的投入和此時的營利相比，簡直不值一提。

其實在當時，很多化妝品行業的從業人員還在固執地認為，利用植物和花卉製造出來的美容產品作為一種新的事物，普通人肯定不會接受，根本不可能作為一個產業發展起來。因此，那些有錢人都不願意在這方面進行投資。但聖羅蘭並不這樣認為，他很看好自己新產品的銷路以及未來的市場。到 1960 年時，他已經開始批次生產這種美容新產品了。

第二章　風口上的翅膀：掌握時代紅利的生存智慧

很快，聖羅蘭又進行了一項創新，一項在銷售方式上的創新。原來，他創造了一種新的銷售方式──郵購。在此之前，從來沒有人這麼做過。而結果顯示，這一創新性的銷售方式，幫助他的產品的銷量在短時間內獲得了劇增。

除此之外，聖羅蘭還嚴格要求自己的員工，一定要提供顧客最好的服務，他讓員工們明白，所有的女性顧客對他們來說都是女王，都應該享受到女王般的優質服務！聖羅蘭還與顧客們建立起了良好的連繫，每當顧客生日時，他就會及時為該顧客送去一份生日祝福。這種做法也是一種前所未有的創新。

事實證明，這樣做不但鞏固了企業與顧客的關係，還為企業樹立起了一個良好的形象。經過20多年的用心經營和不斷創新，到1980年代時，伊夫·聖羅蘭的公司已經擁有了400多種美容產品，其顧客也增加到了800多萬人。

從伊夫·聖羅蘭的成功之路可以看出，他之所以能取得如此巨大的成就，相當程度上與他的創造力有關。富有創新精神的他，勇於打破常規，用植物和花卉作為原料來生產護膚品、化妝品，這不但降低了生產成本，還讓使用化妝品不再是上流社會女子的專利。因此，他的產品便順理成章地迅速成為消費者們熱捧的對象。聖羅蘭不但在產品上進行創新，在銷售方式上也進行了創新，從而讓那些邊遠地區的女人們也能買到他那些質優價廉的化妝品、護膚品，因此，他的顧客團隊會變得越來越大。

伊夫·聖羅蘭的成功啟示我們，如果你想取得事業上的巨大成功，充分發揮你的創造力，想方設法進行創新，一定能給予你巨大的幫助。

以創造力征服變化，用創新為成功加速

在如今這個瞬息萬變的社會裡，我們想要獲得成功，最有效的方法就是以創造力克服變化，用創新加速我們獲得成功的腳步。創新為什麼會如此重要呢？因為只有具備良好創造力的人，總能進行創新的人，才能在追求成功的道路上另闢蹊徑，避開激烈的競爭，開闢出屬於自己的一片全新的領地。

創造力是一個人想要取得事業成功所必不可缺的能力。著名成功學大師戴爾‧卡內基曾經指出，人類之所以高於其他動物，就是因為人類有創造性的思維方式。一個人要想有所成就，就必須有所創造。人也只有透過不斷地創造，才能為自己帶來成功和幸福。

總之，身處這個變化加劇的社會裡，我們如果能夠充分發揮自己的創造力，就一定能比別人更容易適應各種不確定性，輕鬆應對變化，甚至克服變化。而總能創新的你，會贏得比別人多得多的機會，若你還能選對「風口」，順勢而為，就必定能更容易地取得巨大的成功。

第二章　風口上的翅膀：掌握時代紅利的生存智慧

贏家不做看客，而會主動出擊，迅速行動

　　想要享受到社會紅利，就必須主動出擊，迅速行動。任何看客，都很難收穫社會紅利。切記，贏家不做看客，碌碌無為的人才會心甘情願去做旁觀者。如今，越來越多的人明白，在競爭日益激烈的當代社會裡，主動出擊，迅速行動，才是獲取成功最有效的方法。主動出擊才能掌控局面，消極等待只能面對失敗。

　　我們以業務領域為例。在競爭加劇的社會裡，業務行業的競爭更是處於白熱化狀態。在業務領域裡，無數業務人員整天東奔西跑，四處尋找客戶，也不見得能做成幾筆訂單。然而，如果不去主動出擊，你能獲得的業績就會越來越少，要知道，天上是不會掉餡餅的，客戶不是老天爺為某個特定的業務員準備的，任何一位客戶，都是業務員努力爭取來的。

　　人壽保險業務員小張入行比較晚。不過，事事用心的他，在進入公司後很快便發現了一個讓他很不解的現象：大多數同事都把客戶定位為一些企業的中層管理人員，卻對那些大企業的老闆、董事、總經理之類的高管視而不見。

　　於是他向一位同事打聽，為什麼大家不向這些高管推銷人壽保險呢？這可是一批大客戶啊，要是談成了，就一定會給自己帶來很大收益的啊！

　　這位同事是公司裡的一位資深業務員，他聽了小張的問題後，便解釋道，因為大家都覺得這批人那麼有錢，肯定什麼保險都已經投過了，所以不想去做無用功。

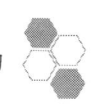

小張聽了以後，點了點頭，說：「原來是這麼回事啊！但是，我覺得說不定是我們想錯了，他們中的很多人說不定都還沒有買過什麼保險呢！我覺得可以跟他們推銷看看。」

同事見小張不信，只好呵呵一笑，然後對小張說：「隨你吧！」小張還是相信自己的想法，認為這是一塊非常大的市場。於是，他決定馬上付諸行動，去向這個群體推銷自己公司的人壽保險。於是，在其他同事都朝著中間階層的方向擁擠過去的時候，小張卻單獨去跑這些高管的業務。

小張開始不斷地主動出擊，不斷地去拜訪各大企業的老闆、董事、總經理等高層人士。剛開始時，小張什麼收穫都沒有。但是，他毫不氣餒，繼續按自己的想法和計畫去行動。過了一段時間後，情況終於出現了轉機。當他成功地說服了好幾家企業的董事長購買了他推薦的保單後，這些人覺得小張的為人不錯，於是又把他介紹給了自己的朋友——也是企業的老闆、總經理之類的高層人士。當這些人買了以後覺得不錯，又把小張介紹給了自己的另一批朋友。就這樣，小張逐漸在這些高層人士中間賣出了很多保單，替自己賺到了很大一筆收入。

當其他同事都認為大企業的老闆、董事、總經理們都已經買過保險，所以不想去推銷的時候，小張卻沒有放棄，而是主動出擊，努力去爭取，結果為自己開拓出了非常廣闊的市場。其實，很多事情並不是小張的同事們想的那樣。這些人士雖然有錢有地位，但並不是所有人都已經買了保險。相反，這些人裡有很多都還沒有買過保險，尤其是人壽保險，正等著有保險業務員前來向他們銷售呢！而小張想到了這一點，並且主動出擊，迅速行動，所以，他取得了很高的業績。

第二章　風口上的翅膀：掌握時代紅利的生存智慧

在當今社會裡，無論在哪個行業，成功永遠都屬於積極行動、主動出擊的人。很多時候，水準再「差」的人，只要化被動為主動，積極地去爭取，也能取得不凡的業績；而能力再好的人，如果消極等待，總是拖延，也會一次又一次錯失成功的機會，最終一無所獲。

阿力的當務之急是用一週時間寫出一份詳盡的市場調查報告書，並以此晉升為公司某地辦事處的科長。然而，他總是在忙其他一些無關緊要的事情，對於應該馬上要去完成的報告書，他卻一拖再拖。結果最後，他終因無法交出一份讓人滿意的報告書，而與科長一職無緣。

一位哈佛大學的教授曾經說：「全球有93%的人都因拖延的壞習慣而一事無成，這是因為拖延能降低人的積極性，而成功的人他們做事絕不拖延！」阿力就屬於一個典型的拖延症患者，他的拖拉最終也讓自己與一次好機會擦肩而過。

要成功，你必須主動出擊，迅速付諸行動。要知道，一萬次心動都不如一次行動能更讓你獲得機會的青睞。

今年25歲的森森隻身闖蕩大城市。當他得知有一家企業的內刊正在公開應徵記者時，便帶著自己的作品集，迅速趕了過去。

他到了應徵現場才發現，競爭空前激烈，只有一個職位，應徵者居然超過了130人。在這些應徵者裡，不乏學歷、資歷、年齡、口才等諸多方面都勝過自己的人。看到這些情況，森森都有點想放棄了。但最終他還是耐著性子留了下來，他覺得好不容易來一趟，即使沒應徵成功，也可以長長見識。

由於他來得比較晚，所以被安排到最後進行面試。當他看到應徵者們一個接一個面色沉重地走出考場時，他感覺形勢對自己好像越來越不

贏家不做看客，而會主動出擊，迅速行動

利。他決定大膽拼一下，用獨特的面試方式去打動面試官。當他聽說主面試官正是公司的老闆時，他更下定決心要出奇制勝。

這時候，森森旁邊坐著的同樣等候面試的幾位應徵者正在閒聊。閒聊裡有這麼幾句牢騷話引起了森森的注意：「來的都是有經驗的人，小小內刊還拿不下來？一個面試還要搞這麼複雜，不知道負責面試的人是怎麼想的？」「肯定會當面出題讓應徵者動筆，我才不怕這個呢，我作品集都帶來了，肯定能證明我的實力。」

說者無心，聽者有意。森森聽到這裡，心裡一動，便馬上去樓下的列印室，以「求賢若渴」為題寫下了一篇現場短新聞。當輪到他去在面試時，他立刻向面試官們遞上了自己剛剛列印完的那篇短新聞稿。最後，出奇制勝的森森應徵成功，成為了「百裡挑一」的幸運兒。

永遠搶先一步，是成功者的一大法寶。對於很多失敗者來說，他們最大的失敗就是總用想法去代替行動。然而，在這個以速度致勝的時代裡，你只有主動出擊，立刻行動，才能提升你成功的機率。

那些總是甘於當旁觀者的看客，那些不願意當下主動出擊、馬上行動的人，那些總寄希望於將來的人，注定會一事無成，注定會被這殘酷的社會所淘汰！

第二章　風口上的翅膀：掌握時代紅利的生存智慧

第三章
價值的極限突破：
讓努力產生最大回報

第三章　價值的極限突破：讓努力產生最大回報

● 把你的「團隊」置於回報更高的平臺

　　對一個人的事業發展來說，平臺到底有多重要呢？我們不妨先看一個假設。如果你很擅長寫文章，然後你把文章寫在了自己的日記本裡，只有你自己能看到，那麼，無論你文章寫得有多好，對你的生活和事業都沒有什麼幫助。如果你把文章寫到公司的公告欄裡，你的同事和上司就能看到，那麼他們就會了解到你原來還擁有這一特長。要是你的上司欣賞你的才華，你可能會因為這一技能而獲得升遷的機會。

　　如果你把文章投稿到大眾媒體，你的文章一旦被選中，你將會獲得相應的稿費，甚至可能還會有媒體向你約稿。如果你把文章發表到網際網路上，將會有更多的人看到你的文章，要是很多人喜歡你的文章，就很可能會有一些人轉載你的文章，然後讓更多的人讀到，於是，身為作者的你便慢慢地累積起了一定的人氣……

　　這就是平臺的作用。當你做同樣一件事情時，在不同的平臺上，所發揮的作用和所收到的效果會有著顯著的差異。一個人想要在某些方面取得較大的成功，首先要做的應該是，找到一個能夠讓自己的才華、天賦、優勢等獲得充分發揮的平臺。

　　試想，如果你擁有聰明的頭腦、過人的才能、擅長金融投資、擁有語言天賦、繪畫水準很高、運動天賦滿滿……你無論在哪一個行業都能取得大成功。但如果將這樣的你放到一個荒無人煙的島嶼上，你還有可能成為一個成功人士嗎？顯然不可能。缺少了平臺的支持，你的才能、天賦、優勢都無從發揮。

　　把自己活成一支團隊，讓自己的這支「團隊」擁有更大的發展，同樣

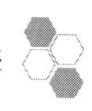

也要選擇最適合自己發展的平臺。當你把自己置身於最適合自己的平臺時，無論你是追求財富還是其他方面的成功，回報都一定是最大的。

我們在強調平臺的重要性時，有一個問題肯定很多人都面臨過，那就是究竟選擇在大城市打拚，還是回小城市發展呢？

僅從客觀條件來看，大城市這個平臺顯然要比小城市「高大上」得多，但是，這並不意味著每一個想要謀求發展，追求大成功或者大財富的人，都應該義無反顧地在大城市裡發展。因為無論在什麼時候，適合自己的平臺才是最重要的。我們不妨來看一看下面這個人的不同經歷。

在上大學前，阿堅一直在一個普通小鎮讀書和生活，他的父母都在當地機關部門工作。還在阿堅求學時期，他父母就已經為他的人生做好了規劃：大學畢業後，回到家鄉當一名公務員，然後結婚生子，安穩地度過一生。

阿堅後來考上了臺北的一所大學。這座城市的繁華、包容、自由與多樣化便深深地吸引了他，並逐漸改變了他原本對未來的規劃。

大學畢業後，阿堅不顧父母的反對，毅然留在了臺北，為了自己的夢想而打拚。他先是在一家外商公司上班，在這期間，他努力工作，不斷升遷加薪。五年後，在時機成熟時，他離開了這家公司，然後自己創業。後來，他還遇到了一位情投意合的臺北女孩。

在大學畢業12年後，34歲的阿堅把自己的公司經營得非常好。這一年，他在臺北郊區買下了一棟別墅，把父母都接過來一起住。在同一年，他也和他深愛的女孩結了婚。在臺北，他收穫了自己的事業、愛情與自由。

小歐的選擇和阿堅有些類似。小歐是在一個小城市長大的，家裡經

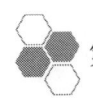

第三章　價值的極限突破：讓努力產生最大回報

營著一家小超市。他也考上了臺北的一所大學。大學畢業後，他和阿堅一樣，也選擇留在大城市打拚。

每天早上，天還沒亮，租賃在新北市郊區的小歐就要匆匆出門，擠上如同沙丁魚罐頭般的大眾運輸，趕往位於北市的國貿公司上班。每天支撐著他離開溫暖被窩的，是他對成功的渴望。但其實，他可能也不清楚他自己想要的成功究竟是什麼，也不知道自己應該怎樣去獲得自己渴望的成功。

在臺北，小歐每天都又忙又累，生命裡充斥著單調的工作與無盡的空虛、寂寞。很多時候，他不知道自己每天都在忙些什麼，也不知道自己工作的意義究竟是什麼，他只是聽從著上司的吩咐，如同機器人一般，完成一個又一個上司下達的指令。

在畢業後五年時間裡，他先後換了三份工作，卻依舊不知道自己想要的究竟是什麼。在臺北，他舉目無親，甚至連一個能真正交心的朋友也沒有。

又過了兩年，小歐終於放棄了「北漂」的生活，回到了自己的家鄉。回到家鄉後，他成功進入了當地一家待遇不錯的企業。工作之餘，他會幫著父母一塊打理自家的小超市。兩年後，他甚至還成功地開了一家分店。在32歲那年，他和公司裡的一個女同事結了婚。今年已經35歲的他，有車有房，有妻有子，生活遠比在臺北打拚時要幸福得多。

一個人奮鬥是為了擁有更好的生活，但一個人生活並不是為了奮鬥。阿堅選擇留在了大城市打拚，最終收穫了事業與幸福；小歐離開了大城市，回到了小地方，最終也收穫了事業與幸福。可見，最適合自己的平臺，才是最好的發展平臺，才是給自己最高回報的平臺。

把你的「團隊」置於回報更高的平臺

每個人都有不同的性格特點以及知識技能儲備，只有選擇一個最適合自己發展的平臺，才能更好地追求財富，邁向成功。例如：阿堅是一個目標明確、敢想敢做的人，在臺北這樣充滿了機遇和挑戰的地方，他能充分發揮自己的才能，創造自己的價值，獲得更高的回報。

小歐卻與阿堅不一樣。小歐選擇留在臺北這座大城市，很可能只是出於一種從眾心理。他沒有清晰的目標與規劃，甚至根本不知道自己留在大城市裡究竟是為了什麼。事實證明，真正適合他的是生活平穩、節奏緩慢的小城市。也只有在小城市，他才能真正找到自己的生活目標，發現自己的人生價值，收穫對他來說最高的回報。

在選擇自己的發展平臺時，一定要和自身的實際相結合。大城市有大城市的優勢，小城市也有小城市的好處。在大城市，你會擁有更多的機會、更廣闊的見識；而在小城市，熟悉的人脈就是你鐵打的資本。哪一個平臺更適合你去發展，除了要考慮你個人的能力、學識、性格特點，還必須考慮你所從事的行業。

假如你是一名IT工作者，那麼很顯然，只有大城市才能提供你茁壯生長的沃土；但如果你打算透過種植水果致富，當然要到農村發展，城市裡可沒有什麼地方讓你種植果樹。所以，適合的才是最好的。如果把你自己看成是一支團隊，你更要根據自己這支「團隊」的實際情況，然後選擇一個讓自己這支「團隊」回報最高的平臺。總之，無論是在大城市還是小城市，只要你能充分發揮你的才能、優勢，利用好你手中的資源，有目標地去奮鬥，你必然能獲得最高的回報，贏得你最想要的成功。

第三章　價值的極限突破：讓努力產生最大回報

● 學會在更短的時間裡做更有價值的事

　　時間對每個人都是公平的，因為每個人每一天都擁有不多不少的 24 個小時。然而，擁有同樣 24 小時的每一個人，為什麼卻會有不一樣的命運呢？因為每個人對待時間的方式都不一樣。很多人都不懂得如何高效地利用自己的時間，不會讓自己的時間價值最大化，所以他們總是碌碌無為。

　　那些不斷取得成功的人士，之所以能總是被命運青睞，就是因為他們越來越懂得把時間花在最有價值的事情上，並且在行動上也總是盡可能地把時間花在最有價值的事情上。所以，他們總能有所成就。

　　當你處於平庸或貧窮的境地時，當你抱怨世界很不公平時，當你對別人的成功或富有表示羨慕嫉妒恨時，你是否想過這樣的問題：你花掉的時間，是否都用在了最有價值的事情上？你在工作的時候，是否分得清輕重緩急？當你有了這些問題的正確答案後，你就會知道自己為什麼會活得如此的不如意了。

　　無論你想要獲得巨大的財富，還是想在某方面取得偉大的成就，你都不僅僅要付出行動，更要盡可能地選擇那些最有價值的事情去做，要學會在更短的時間裡做更有價值的事情。這樣，你就總是在做那些重要的事情，絕不會把時間浪費在無用功上。當你養成了這樣的習慣後，你也一定會不斷取得成就，收穫財富。

　　每個人的時間都是有限的，我們無時無刻不在和時間賽跑，所以，只有把最大量的時間花在最有價值的事情上，才能確保自己夢想成真。如果不能做好取捨，不能更好地利用自己的時間，即使投入了大量的時

間和金錢，其收效也是微乎其微的。

　　學會在更短的時間裡做更有價值的事，最好的實踐之一就是，用盡可能短的時間把機遇轉化為自己的財富或者成功。機遇經過時，你若能迅速把握住，就可以藉著機遇一飛沖天，取得大成就，或者收穫大財富。

　　1921年的一天，以「經營奇才」著稱的奧利萊一個人在波蘭的某條大街上閒逛。突然，他想起要買一枝鋼筆，便走到了一家文具店，準備挑選一枝。當他開始挑選鋼筆時，卻被其價格嚇了一跳。原來，當時在英國只賣3美分的鋼筆，在這裡卻賣到了26美分。

　　對市場非常敏感的他，馬上就開始尋找這個問題的答案：「同樣的鋼筆，價格為什麼會相差得如此懸殊？」經過一番調查，他終於知道了事情的原委。原來，波蘭這裡賣的鋼筆之所以這麼貴，是因為這裡並沒有鋼筆廠，所有的鋼筆都需要進口，因此價格居高不下。

　　得到了這個消息後，他馬上意識到賺錢的機遇就「站」在自己的眼前了。於是，他馬上做了一個決定：在波蘭投資創辦一家鋼筆廠！

　　然後，他迅速開始了前期的規劃。他先是籌備資金，並來到德國歷史最悠久的鋼筆名城，那裡有許多的著名鋼筆生產廠商，他們掌握著製作鋼筆的技術。很快，奧利萊便聘請了一位擁有專業技術的專家作為公司的骨幹，為公司注入了技術活力。

　　德國之行結束後，他又迅速趕到盧森堡，想盡各種方法將生產鋼筆的設備陸續運送到了波蘭。很快，生產鋼筆所需要的原材料都運到了位於波蘭某地工廠的生產工廠，然後工廠正式營運。

　　奧利萊的鋼筆廠成立後，當年利潤就達到了100萬美元。到了1926

第三章　價值的極限突破：讓努力產生最大回報

年，這家鋼筆廠已經開始進行出口生意，足跡遍布世界各個角落。憑藉這門生意，他也輕鬆賺到了數千萬美元。這就是在盡可能短的時間裡做最有價值的事情的巨大回報。

沒有人能隨隨便便成功，超級富豪的財富並不是一夜之間從天而降的。奧利萊能收穫巨大的財富，不僅源於他擁有一雙發現機遇的眼睛，更源於他能在最短的時間裡做最有價值的事。當他發現了機遇後，馬上採取各種行動，想盡各種辦法，然後把機遇轉化為了自己的巨大財富和成功。如果不能在盡可能短的時間裡把自己發現的機遇轉化為切切實實的財富，他是有可能會失去這個機遇的。

有人說，命運給了機遇，時間給了結果。確實如此，即使給你再好的機遇，如果你不能好好利用，結果只會是浪費時間，浪費掉大好的機遇。而能抓住機遇的人，往往隨時做好了準備，用最短的時間把機遇變為了成功和財富。

目標決定人生：要想走得遠，先要看得遠

從小時候起，我們就被教育，要樹立遠大的理想，因為我們的師長讓我們知道，一個人的目標相當程度上決定了其人生的動力和終點。以最簡單的跑步為例，如果一個人的目標是一公里，他到達後就不會再想繼續，就算要繼續，也會經過一段時間的休息後，再重新出發，因為他已經完成了預期目標。而把三公里作為目標的人，即使到了終點不再繼續跑，也已經比以一公里為目標的人多完成了兩公里。這就是目標不一樣所造成的人與人之間的最終差距。

有這樣兩個小孩，一個叫盧克，長得高高瘦瘦的；一個叫保羅，長得又矮又胖。有一天，他們攜手走在鄉間的鐵軌上。盧克突發奇想地跟保羅說，我們要不要比一比，看到底誰能走得更遠。

原來，高高瘦瘦的盧克是這樣想的：「我長得比他高，步伐顯然邁得也會比他大，而且他又是個胖子，走不了多遠，這場比賽我贏定了。」然而，矮矮胖胖的保羅也同樣自信滿滿，一副成竹在胸的樣子。

比賽開始後，瘦瘦高高的盧克果然很快就多走出了一大截。他認為矮矮胖胖的保羅馬上就會認輸。沒想到的是，保羅一直就跟在他的身後，走得非常穩當。

兩個小孩走了很久很久以後，盧克開始有些支撐不住了。但是他馬上發現，保羅仍然不緊不慢、穩穩當當地走著，沒有絲毫要停下來的意思。

最後，盧克實在堅持不下去了，便向保羅認輸了。他好奇地問保羅：「你這麼胖，怎麼堅持得比我還要久呢？你有什麼祕訣嗎？」

第三章　價值的極限突破：讓努力產生最大回報

保羅哈哈地大笑了一會兒，然後才回答道：「沒有什麼祕訣，關鍵在於你走路的時候只看著自己的腳，所以容易疲累，而我會盯著遠處的某個地方，給自己定下一個目標。達到這個目標後，我再找下一個目標。就這樣，我越走越快，一直都不累。這大概就是我們之間的區別吧。」

其實，無論做什麼事情，我們每個人的持久力都是有限的，就像是一根弦，繃得緊了，總會有鬆懈的時候。相信每個人都有過這樣的體驗，當完成一個耗時耗力的工作時，往往到後期，支撐著我們繼續下去的，完全是意志力。而工作完成後的那一瞬間，也正是我們意志力最容易鬆懈的一瞬間。

因此，總是盯著自己雙腳的人往往最容易疲憊，因為對他們來說，腳下就是目標，每踏出一步，都是在與「鬆懈」抗爭。而那些盯著遠方的人卻因為對目標的期待，從而有了不斷前進的動力，常常忘記自己移動的雙腳。

目標是自我激勵的基礎。沒有目標，我們將不知道該往哪個方向走，該朝哪個方向努力，以至於讓人生在無窮無盡的迷茫中荒廢。擁有清晰的目標的人，就和參加賽跑的人知道終點在哪裡一樣，會比那些沒有目標或者目標模糊的人，更容易取得成就，得到自己想要的成功。

對任何人的人生來說，擁有清晰的長遠目標、中期目標、短期目標，人生的成就都必定會完全不一樣。無數事實證明，目標決定人生，想要獲得巨大成就，先要擁有遠大目標，須知，想要走得遠，先要看得遠。

那些擁有清晰的遠大目標的人，往往會覺得自己總是做得不夠多，懂得不夠多，以至於不能走向更高、更遠的地方；而那些安於現狀的人

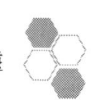

則總會對自己說：「我做得已經夠多了，這樣已經很好了。」於是，前者不停地督促自己大步前進，後者則不是原地踏步就是極不情願地小步向前挪動。如此一來，兩者的差距自然越來越大。

漢克斯是一位建築工人。這一天是週末，他和幾位工友照例相約到酒館裡喝上幾杯。喝完酒後，幾個人從酒館裡出來。走到街口時，一輛引人注目的豪華轎車停在了漢克斯他們身邊。這時，從車上下來了一個人與漢克斯打了個招呼，然後兩個人便親密地聊了起來。

漢克斯的工友們都知道這個人是誰，他叫格林，是當地最大的建築公司的老闆。等漢克斯和格林聊完天，格林坐上車離開後，工友們都好奇地問漢克斯：「你居然認識格林先生，看起來還很熟的樣子，這真讓我們感到驚訝啊！」

「我和他已經認識十五年了。十五年前，格林和我一樣是建築工人！」漢克斯說。

「天啊，為什麼你們現在有這麼大的差別？」工友們問道。

「沒什麼可奇怪的。十五年前，我們都是建築工人，不同的是，我為每週三十美元的薪水工作，他則為建築事業工作，所以，他成了一個成功的建築公司的老闆，我還是一個為每週幾十美元薪水工作的建築工人。」漢克斯說。

十五年前都是建築工人的漢克斯與格林，多年以後各自的命運居然會如此的截然不同。究其根源，造成這種差距的原因，是他們人生目標的不同。雖然做的工作是一樣的，但格林的目標是在建築行業創立一番事業，成為一個成功的建築商，躋身富人的行列。於是他的每一個行動都在為這個理想努力，他人生的方向也一直朝著這個目標前進。

第三章　價值的極限突破：讓努力產生最大回報

　　反觀漢克斯，他所在乎的是每週的薪水，因此，他的工作目標也只是拿到這每週的薪水，以便讓自己有錢養家餬口，同時還能讓自己有錢去酒館喝一杯啤酒，獲得短暫的享受。十年之後，他們其實都達到了自己的目標，只是，格林的目標要比漢克斯的高得多，所處的位置才會比漢克斯要高得多。

　　目標決定了人生，如果你不斷地為達到該目標而努力，你看得有多遠，你的人生就能夠走得有多遠。如果沒有開闊的眼界，沒有高遠的目標，一個人即使再有才華、天賦、能力，也只會在自己狹小的世界裡，懷才不遇，終不得志。又或者如那井底的青蛙，認為世界不過是只有井口那麼大的天罷了。殊不知，外面的世界大得很。

　　看得遠才能走得遠，目標遠大才有可能擁有巨大的成就，收穫巨大的財富。所以堅持自己的遠大理想，堅定自己的遠大目標，然後朝著它不斷努力。要知道，世界總會向那些努力追求遠大目標的人讓路。

做事有計畫，就不會眉毛鬍子一把抓

　　為什麼有些人每天忙忙碌碌，投入了很多時間去做事，卻一直一事無成呢？為什麼有些人有著清晰的目標，每天也很努力，卻總是感覺離達成目標的那一天非常遙遠呢？這兩個問題的答案，可以參考以下這段話：「一個人做事缺乏計畫，就等於計劃著失敗。有些人每天早上預訂好一天的工作，然後照此實行，他們就是工作的主人。而那些平時毫無計畫，靠遇事現打主意過日子的人，只有『混亂』二字。」

　　無論你每天是多麼的忙碌，都不妨抽出一些時間來，讓自己靜心思考一下這樣兩個問題：為了自己的目標，我究竟忙了些什麼？為了更高效地達到我的目標，我應該怎樣去做計畫？

　　只有經常進行這樣的思考，我們才能讓自己不至於在忙忙碌碌之中迷失了自己，才能讓自己忙得更加高效，更有好的成果。

　　有一位商人經營了十幾年的企業。然而，這家企業被他經營得越來越差，最後甚至瀕臨破產。在準備宣布企業破產之前，這位商人帶著沮喪的心情，找到了一位已經退休的曾經經商非常成功的前輩。一見到了那位前輩，商人便問對方道：「我每天都辛辛苦苦、忙忙碌碌地經營著我的企業，我對每一位顧客都很真誠、熱情，可是為什麼我還是失敗了？」

　　前輩好好地安慰了他一番，然後說道：「一次失敗並不能說明什麼，你完全可以重新開始嘛。」

　　「讓我重新開始？我那麼努力還是失敗了，重新開始還不是一樣的結果嗎？」商人不解地問道。

第三章　價值的極限突破：讓努力產生最大回報

「不會的，只要你把自己之前經歷過的情況都一一羅列下來，然後再列出一份經營計劃，並迅速按計畫落實，那麼，對你來說重新開始並不是什麼難事。你現在需要做的事情就是制定一份切實可行的工作計畫，然後按照計畫去執行好，這樣就可以了。」前輩十分堅定地說。

商人聽了前輩的話後，臉上表露出一陣陣的難過。他說道：「實際上，早在十年前我就想制定一份工作計畫了，但是一直拖著沒有做。不過，這次我一定要按前輩您說的去做！」

結果接下來，聽從了前輩建議並切實執行計畫的這位商人，只花了一年的時間就讓企業「活」了過來。又過了一年，企業開始轉虧為盈。現在，這家企業已經是業內首屈一指的大企業了。

這個案例告訴我們，在明確目標的基礎上，將自己的工作計劃詳細清楚地寫下來，然後落實到具體的執行中去，我們就能更好地進行自我管理，讓工作更加條理化，從而更高效地做出業績與成果，更好地達成一個又一個目標。

成功人士往往目標很清晰，方向很明確，計畫很有條理，並且嚴格按照計畫去執行。因為成功人士都知道，只有做事有計畫，按照計畫一一落實，才不會眉毛鬍子一把抓，才會更高效地達成目標。

我們該如何落實具體的工作計畫呢？簡單來說，就是無論你要完成什麼樣的工作，達成什麼樣的目標，都應該首先把具體的步驟詳細地寫下來，然後根據事情的輕重緩急來安排先後順序，最後逐條逐項，一步步地落實好。

美國第 32 任總統富蘭克林・羅斯福被認為是美國歷史上最偉大的總統之一。作為 20 世紀最受民眾愛戴的美國總統，他也是美國歷史上唯一

做事有計畫，就不會眉毛鬍子一把抓

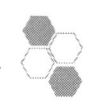

連任 4 屆的總統。值得我們學習的是，這位偉大的總統終身都是一位非常注重計畫的人。

1921 年，羅斯福因患上了小兒麻痺症（一說是格林－巴利症候群）而半身癱瘓。從此，無論生活還是工作，他都有著諸多的不方便。然而，他把這些不方便都頑強地克服了。在 1928 年擔任紐約州州長和 1932～1944 年擔任美國總統期間，他每天都要處理非常繁重的工作。那些繁重的工作，即使是一個身體健康的人都有可能吃不消，但羅斯福卻出色地完成了。他是怎樣完成的呢？祕訣很簡單，其實就三個字：工作表。

為了能更加高效地完成工作，他從一開始便和他的團隊一起製作了一份十分詳細的工作表。在工作表上，時間安排甚至具體到每一分鐘，以便能時刻將自己所要做的事情記錄下來，然後規定自己在某段時間內一定要完成某件事。如此一來，他所要做的就是根據計畫表去一一地落實好這些工作了。

例如：從這個表上我們可以看到，從上午 9 點和夫人在白宮草坪上散步開始，到晚上招待客人吃飯等結束，一整天他都是有事做的，所有的工作都在按照計畫表裡寫著的那樣，有條不紊地進行著。

詳細計劃自己的工作，是羅斯福做事高效的重要祕訣。每當有一份新的工作來臨時，羅斯福都會先計劃這項工作需要多少時間，然後再安排到他的工作表裡面去。因為他將重要的事情提前安排在他自己的計畫表裡，所以他總能把許多事情都在預定的時間裡完成。於是，他總能出色地完成很多人都完成不了的繁重的工作。

古語說得好：「凡事豫則立，不豫則廢。」也就是說，無論做什麼事情，事先都要做好計畫，如此才能幫助我們取得成功，不然就很容易招

第三章　價值的極限突破：讓努力產生最大回報

致失敗。其中，「預」指的就是事先做好計畫或者是準備工作。這些古代的智慧，同樣適用於當今競爭激烈的社會。

　　做事有計畫才更容易成功。毫無計畫，很容易讓自己眉毛鬍子一把抓，像無頭蒼蠅一樣橫衝直撞，結果辛苦了半天，只是白白浪費了時間、精力和金錢，讓自己遭受一次又一次失敗。做事有條不紊、計劃周全的人，因為做事總是很高效，總能迅速做出好的業績與成果，所以更能獲得機會的青睞。

　　總之，無論你從事什麼工作，無論你多麼忙碌，都應該抽出一些時間來，每天為自己制定一份計畫，然後按事情的輕重緩急去分類，最後一一落實。這樣，你就能更高效地完成你的工作任務，更好地達成你的目標。

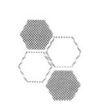

做事善抓關鍵，就能事半功倍

狼在捕捉獵物時，會抓住時機，然後張嘴咬斷獵物的咽喉，於是獵物就到手了；漁民在撒網捕魚時，只要抓住漁網上的大繩，網眼就張開了；人們在整理皮襖時，只要抓住衣服的領口一抖，皮毛就理順了；在處理問題時，我們只要能夠抓住問題的本質，關鍵就抓住了，做起事來就能夠事半功倍了。

成功人士做事為什麼會那麼高效呢？因為他們都很善於做事抓關鍵，抓要害，抓本質，抓重點。正因為他們善於將更多的精力和時間投入到更多更有價值的重要的事情上，所以他們總能獲得巨大的回報，贏得巨大的成功。

這啟示我們，做事情一定要善於抓關鍵，才能切中問題的要害，達到事半功倍的效果。正所謂「牽牛要牽牛鼻子」，任何問題都有其本質特徵，只要抓住了問題的本質，有針對性地進行解決，那麼，再複雜的問題，解決起來也不會難。

曾看過這樣一個寓言故事。有一天，一位女子從寵物店買了一隻鸚鵡。但第二天，她又把鸚鵡送回了寵物店。老闆忙問她為什麼。她對老闆說，這隻鸚鵡不會說話。老闆問她，你有沒有在鸚鵡的籠子裡放一面鏡子。女子說沒有。老闆便建議她，買一面鏡子回去，因為鸚鵡喜歡照鏡子，當看到自己在鏡子裡的樣子時，就會開口說話。女子便買了一面鏡子回家。

第三天，女子又把鸚鵡送回了寵物店。她向老闆抱怨道，這隻鸚鵡還是沒有開口說話。老闆對她出主意，買一把小梯子吧，鸚鵡喜歡小梯

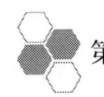

第三章　價值的極限突破：讓努力產生最大回報

子，玩開心了就特別愛說話。女子於是買了一把小梯子，帶著鸚鵡回家了。

沒想到，第四天女子又帶著鸚鵡來了。原來，鸚鵡還是沒有開口說話。老闆這一次給女子的建議是，讓女子為鸚鵡買一個小鞦韆，就是那種可以讓鳥兒站在上面盪的鞦韆。老闆說，當鸚鵡盪起鞦韆時，就會滔滔不絕地說個沒完。女子很不情願地買了一個小鞦韆，然後回家了。

第五天，女子再次來到寵物店，然後跟老闆說，鸚鵡死了。老闆感到很震驚，連忙跟她道歉，然後問她，難道牠從來沒有說過一句話嗎？

女子回答道，鸚鵡在臨死前終於說了一句話。老闆問，說了什麼？女人回答道，牠最後用有氣無力的聲音問我，那家寵物店難道不賣鳥食嗎？

這個寓言故事告訴了我們這樣一個道理：如果不懂得抓住主要矛盾、解決關鍵問題，我們的努力和時間都會白白浪費，最後沒有任何回報可言。在故事裡，如果老闆和女顧客從一開始就抓住了問題的關鍵──記得餵食鸚鵡，那麼鸚鵡就能避免餓死的結局了，而老闆和女顧客的時間、精力的投入也能收到最大的回報──老闆獲得出售鸚鵡換來的錢，女顧客獲得養鸚鵡帶來的快樂。可見，在處理問題時，如果能夠抓住問題的本質，就等於抓住了問題的關鍵。否則，做再多的努力，也只是在做無用功。

做事抓住關鍵，才能事半功倍。例如：當你對一天的工作進行以重要性為標準的排序後，選擇先著手去做重要且緊急的工作，就是抓住了時間管理的關鍵。你可以將自己更多的精力和時間放到更多的重要事情上，這樣你就能得到巨大的回報。所以，做事要善於抓關鍵，才能切中

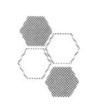

問題的要害，迅速解決問題，讓你事半功倍。

如何讓自己擁有「做事善抓關鍵」的能力呢？這裡有一些可供你參考的做法。例如：你可以為自己做一個計畫，認真安排自己未來一段時間內的工作與生活。你不妨將這段時間定為兩個月。如果你想知道什麼事情對你來說最為關鍵，不妨思考一下這樣一些問題：什麼對你來說是最重要的？你的人生意義是什麼？你希望自己成為什麼樣的人？你又能為之付出什麼樣的努力？你可以把答案記下來，作為未來個人的信念或使命。然後，你就知道自己應該從何處入手了。具體來說，怎樣才能更容易找到關鍵，並抓住關鍵呢？可以從兩個方面入手：

◆ 第一，對你要面對的問題有一個系統、正確的認知

當你在面對眾多的問題時，不要從一開始就習慣性地將其想得很複雜、難以解決，要對其有一個系統、正確的認知。切記，不正確的認知只會對你增加心理暗示，認為問題很難，從而會想方設法地從難處入手來尋求解決之道，結果忽略了最容易、最簡單的解決方法。而且，不正確的想法還會打擊你的自信，影響到問題的解決。所以，對問題有一個系統、正確的認知，既要想到它的複雜性，也要看到複雜性表面下的簡單本質。這樣，你才能更有效地抓到問題的關鍵，進而事半功倍地解決問題。

◆ 第二，學會剝繭抽絲，將複雜的問題簡單化

複雜和簡單從來都是相對的，複雜的問題並不一定要用複雜的方法去解決；簡單的問題其解決的方法不一定很簡單。但將複雜的問題簡單化，是更快解決問題的關鍵步驟。這種簡單，是一種刪繁就簡、由繁入簡的做事方式，它能幫助我們揭去問題複雜性的外衣，直刺問題的本

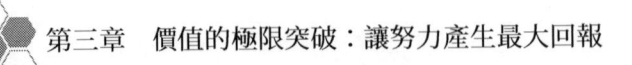

第三章　價值的極限突破：讓努力產生最大回報

質，從而讓我們更高效地解決問題。

　　總之，牽牛要牽牛鼻子，解決問題要先找問題的本質。任何問題都有其本質特徵，只要抓住了問題的本質，有針對性地進行解決，就抓住了關鍵，就能很容易地解決問題。當你練就了總是能夠發現問題的關鍵的本領後，你就能夠迅速成為行業一流的高手、專家。這時候，很多在別人那裡都解決不了的問題，到了你這裡往往能很容易解決。因為你比他們更容易看出問題的關鍵所在，從而能切中問題要害，從根本上迅速把問題解決掉。於是，會有無數機遇主動來找你，幫助你實現你的理想，達成你最想要達成的目標。

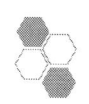

讓自己能在最短時間裡做出最有利的決定

俗話說，萬事開頭難。然而，無論再困難的事情，只要開頭了，馬上去做了，就有了解決的可能性。又有人說過，好的開始是成功的一半。其實，很多時候，只要開始去做了，就已經是成功了一小半。事實上，決定馬上行動，所需要的不過是幾分鐘甚至更短的時候，但依然有很多人因為瞻前顧後，而不敢邁出第一步。結果，不敢做決定的他們，自然是一直都一事無成。

一個人無論做什麼事情，如果由於自己的猶猶豫豫，結果失去了有利的時機，後來即使付出數倍的努力，也很可能於事無補。在關鍵時刻，我們一定要讓自己能迅速做出最有利於自己的決定，這樣，我們才能創造出我們渴望的成就。

想當年，凱撒大帝用了不到10年的時間，便征服了西歐800餘座城市，降伏了300多個部落，掃平了整個高盧（即今天的法國）。這個戰績實在是太輝煌了，以至於羅馬人既為自己的凱撒大帝歡呼，又替他擔心。

擔心是人之常情。因為那些被征服者肯定不甘於長久地被他人統治，只要實力增長到一定的程度，並且時機合適，就一定會起來反抗的。同時，凱撒的政敵們，雖然忌憚他的權勢，但在私下裡依然會想方設法搞破壞。例如：他們努力地去說服元老院的人，要藉助他們的力量，去剝奪凱撒的指揮權。

後來，政敵們終於得逞，凱撒被逼到了牆角。這時候的他該何去何從呢？他是服從法律，交出指揮權，接受失敗的命運，還是渡過盧比孔

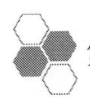

第三章　價值的極限突破：讓努力產生最大回報

河，一去不回頭呢？當時，盧比孔河是凱撒時代羅馬北部的國境線，羅馬法律規定，越過此河的將軍和士兵將被視為國家公敵，一旦越過此河就不能回頭。

凱撒只想了幾分鐘，就拿定主意，做出了決定。只見他轉過身來，對身旁的幕僚們說：「越過此河，將是悲慘的人間世界（要打羅馬內戰）；但若不越過，我們將毀滅（在征服高盧期間，他其實已多次「違法」，把元老院晾在一邊）。」然後，他向看著自己的士兵們斬釘截鐵地喊道：「前進吧，到諸神等待的地方，到侮辱我們的敵人所在之處，孤注一擲！」士兵們一聽，馬上也以雄壯的應和聲作為回答。

最後，羅馬民眾非常熱情地歡迎了這位歸來的英雄，他的政敵們則逃竄去了遠方。正是這一在最短時間裡做出的最有利於他的決定，令世界歷史也隨之改變。

要是不能在最短的時間內做出最有利於自己的決定，我們很可能在機遇來到自己面前時也抓不到手中。失去了機遇，我們將很難為自己成就一番事業。無數事實告訴我們，想獲得大成功，最有力的方法，就是排除一切干擾，迅速做出最有利的決定。要知道，機不可失，失不再來。

無論什麼時候，當問題出現時，善於抓住時機迎上前去，要遠比猶猶豫豫、躲躲閃閃對自己更加有利。因為猶猶豫豫的結果，是錯過了成就自己的機會。在人生的關鍵時刻，最愚蠢的做法就是猶豫不決，自我束縛，光想不做。

在很久很久以前，有一段時間裡，居住在聖皮耶的人們發現了一連串的怪事：銀器表面變黑了、動物煩躁不安甚至莫名其妙地死亡、牛在

讓自己能在最短時間裡做出最有利的決定

夜裡叫喚、鳥兒飛離培雷火山的森林、野獸逃亡、蛇群遷居⋯⋯今天的我們知道，這些都是火山即將噴發的警報，然而，與培雷火山和睦相處了幾輩子的當地人並沒有把這些怪現象放在心上。

這一天，義大利商船奧薩利納號正在碼頭裝貨準備前往法國。船長馬力歐敏銳地察覺到，火山很可能要爆發了！於是，他立刻決定停止裝貨，告訴船員們一分鐘也不要耽擱地馬上駛離這裡。貨主們當然全力阻攔他這樣做，並且威脅他說，現在只裝了一半的貨，如果他膽敢離開港口，就等著坐牢吧。然而，無論是威逼還是利誘，都不能說服馬力歐船長改變自己的決定。他再次命令船員們馬上開船。

貨主們一再向馬力歐保證，培雷火山不會爆發。但他態度異常堅決，他認為自己對培雷火山一無所知，但如果培雷火山像現在這個樣子，他一定會迅速離開聖皮耶。所以，寧可承擔違約的責任，他也要馬上離開這裡。然後，他還建議貨主們趕緊通知這裡的政府官員，讓這裡的所有居民都撤離到安全的地方。

只可惜，因為他的違約而憤怒的貨主們根本聽不進馬力歐的建議。貨主們向海關部門報告了這件事。然後海關官員和貨主們決定去追擊奧薩利納號，逮捕馬力歐船長。正在這個時候，聖皮耶的培雷火山爆發了！

火山裡滾燙的熔岩不斷迅速地噴射而出，所到之處，森林化為灰燼，岩石成為齏粉，房屋成了廢墟，海水翻滾沸騰。頃刻間，火山下的聖皮耶小城變成了一片廢墟，遭受到了空前的毀滅，而逃無可逃的居民們全都罹難。這個時候，奧薩利納號卻安全地航行在公海上，正在向法國前進。

第三章　價值的極限突破：讓努力產生最大回報

　　馬力歐船長能夠在最短的時間裡做出最有利的決定，不但救了自己一命，更救了一船人的命。在生死攸關的時候，能在最短時間裡做出最有利決定的人，不但能解救自己，還能拯救別人。

　　在追求成功的路上，學會讓自己在最短的時間裡做出最有利的決定也非常重要。如果你是一位商人，一位老闆或者一位管理者，這樣的時刻，你會常常碰到。如果你大多數時候都很善於做最有利於自己的決定，那些不善於甚至不勇於做決定的人和你的距離就必定能越拉越大，到後來，他們拍馬都趕不上你了。

　　很多人都知道，機會到來的時候，往往稍縱即逝，像閃電一樣短促。所以，要想把握住機會，同樣要學會讓自己在最短的時間裡做出最有利於自己的決定。當你能這樣做後，你必定會更容易地讓自己成功，夢想成真。

優化流程，收穫更多價值

戰國時期，齊國大將田忌有一次和齊威王賽馬。雙方分別用上等馬對上等馬、中等馬對中等馬、下等馬對下等馬，結果，由於齊威王三個等級的馬都比田忌的馬強，所以田忌三場比賽全都輸了。

田忌的好朋友、著名謀略家孫臏得知了這件事後，就對田忌說可以找齊威王再比賽一次，他保證田忌能夠取得勝利。於是，田忌上奏齊威王，請求再賽一次。

第二次比賽開始了，田忌依照孫臏的計策，先拿出了自己的下等馬去與齊威王的上等馬賽跑。由於實力相差太過懸殊，所以田忌的下等馬毫無懸念地敗了。但是接下來，賽況發生了逆轉，田忌用上等馬對齊威王的中等馬，用中等馬對齊威王的下等馬，最終取得了兩場勝利。於是，田忌以2：1獲勝。

這個大家都很熟悉的故事啟示我們，做事不但要懂得安排好次序，還要懂得優化流程。因為這是保證我們做事高效與獲得高收益的一個重要方法。

什麼是流程呢？流程，是指為了實現一定的工作目標而採取的一系列的步驟與動作。例如：我們對手頭的工作進行分類，將重要的、一般重要的、不重要的區分出來，然後安排合適的時間來分別完成它們。這樣的做法就要比簡單地按照日程表來做事情更高效，這就是對完成工作的流程進行優化後得到的更好的結果。

田忌與齊威王第一次賽馬時採用的是常規賽法，由於實力差距問題，田忌最終輸了。第二次比賽時，由於田忌在孫臏的指點下，改變了

第三章　價值的極限突破：讓努力產生最大回報

賽馬的次序，最終以2：1獲得了比賽的勝利。這個簡單的次序的改變，就是優化流程。

這看起來似乎很簡單，但在結果上帶來的差異卻是巨大的。這也告訴了我們：事物內部排列組合的不同，會引起根本上的改變。你在思考和處理問題時也不應該僅僅把眼光盯在人力物力絕對數量的增減上，還應該從多方面、多角度著眼進行精心協調，科學使用現有的人力物力，力求達到最佳的效果，為自己提供最大價值的回報。

每一位管理者都應該熟練掌握優化流程之道。無論你管理的團隊是由幾個人組成，還是由幾萬人組成，不同的人員搭配，不同的合作方式，不同工作內容的安排，對團隊的總成績都有著巨大的影響。善於用人、會優化流程的管理者，能夠讓團隊的人員搭配達到1＋1＞2的效果。那些不會用人、不懂優化之道的管理者，很容易讓團隊的力量變成1＋1＜2甚至更差的效果。

這讓人想起了拿破崙·波拿巴曾經描述過的騎術不精但有紀律的法國騎兵與當時最善於格鬥但沒有紀律的騎兵——馬木路克兵之間的戰鬥。拿破崙認為，「兩個馬木路克兵絕對能打贏3個法國兵，100個法國兵與100個馬木路克兵勢均力敵，300個法國兵很可能會戰勝300個馬木路克兵，而1,000個法國兵則總能打敗1,500個馬木路克兵。」

拿破崙的話告訴了我們什麼樣的道理呢？他告訴世人，不同的人組合成的團隊的戰鬥力會完全不一樣。由單打獨鬥能力強的人組合起來的團隊，不見得比由單打獨鬥能力不強但團隊合作能力強的人組合起來的團隊戰鬥力更強大。

任何一個管理者，要想讓團隊的戰鬥力更強，做出更大的價值和業

績，就一定要學會讓團隊成員之間的合作產生更大的力量，從而收穫更好的業績。其實，對於一個團隊的管理者來說，搭建不同的組合，也是一個發現問題、解決問題的過程。很多時候，管理者只要能適時地分析判斷工作流程，看看哪些環節需要簡化、整合、擴展、調整，使資訊、資源得到最有效的利用，使人力、物力得到最合理的使用，從而使時間和方法得到最大程度的落實，就能得到最大化的結果。

傑克·威爾許曾被譽為「全球第一 CEO」。當年，他剛接任美國奇異公司（GE）的 CEO，便採取了一系列的管理改革，結果幫助企業迅速擁有了巨大的競爭力和發展力。在他的管理改革裡，其中一項重要的舉措就是，在 GE 裡強制推行「六標準差」品質管制體系。

「六標準差」品質管制體系透過應用數理統計來協助衡量價值流的每一個過程與每一道工序，協助衡量每一個改善的過程與結果，「標準差」是一種測量每 100 萬次謹慎操作中所犯錯誤的計量單位。「標準差」越多，錯誤的次數越少，品質越高。「一標準差」的意思是產品合格率為 68%；「三標準差」表示 99.7% 的合格率；「六標準差」是最高目標，表示 99.999997% 合格。一般達到「三到四標準差」水準的企業品質成本將占到銷售額的 30%～40%，而匯入了「六標準差」的公司，其品質成本則下降到了銷售額的 5% 以內。

「六標準差」策略把管理的重點放在了滿足客戶需求、杜絕產生缺陷的根本問題上，靠流程的優化減少了失誤並降低故障率，提高了客戶的滿意度與市場占有率，從而降低了成本，增加了利潤。

除此之外，傑克·威爾許還要求每個員工都要為各項工作勾畫出「流程圖」，清楚地揭示每一個細微的次序與關係。他認為，這樣做不但可以

第三章　價值的極限突破：讓努力產生最大回報

使員工對整個工作瞭如指掌，還可以理清哪些工作環節是多餘的，從而提高了工作效率，收穫了更多的剩餘價值。

這告訴我們，只要你好好分析一下你的工作過程，你就會發現，很多時候，影響我們取得更好的工作業績的因素，並不完全是工作能力，不同的工作方法與工作組合也是影響工作效率的重要因素。工作方法不對，就會浪費時間；不同的組合則會使業績變得更好或者更差，效率變得更高更低。

任何一項工作都有相對應的工作流程，即使最簡單的工作也不例外。比如：關電腦，這是很常用也很簡單的工作，它的大致流程是——先關掉開啟的文件、頁面，然後單擊「開始」中的「關機」，等待電腦關閉，最後關掉電源。

每個人都是如此操作的，但是，如此簡單的操作過程和順序，如果你想優化一下，也是可以做到的。比如：從單擊「關機」到電腦徹底關掉，這中間一般都會有一小段時間，在某些程式更新的時候時間會比較長一些。其實，你完全可以利用一下這個時間段，去整理你的辦公桌，讓明天迎接你的是一張乾淨整潔的辦公桌。當然，你也可以做其他事情。總之，就是學會優化流程，盡可能充分地利用好每一分鐘，這樣就能夠給你帶來更多的剩餘價值和額外收益。

第四章
資源整合力：
讓每一步都勝過千軍萬馬

第四章　資源整合力：讓每一步都勝過千軍萬馬

● 你完全可以借別人的鍋煮出你的飯菜

剛大學畢業的小宇一直有一個創業夢想，但橫在夢想之前最大的現實問題是──錢。年邁的父母辛苦了一輩子也沒有存下幾個錢，小宇知道家人在資金上支持不了自己。為了籌集創業的啟動資金，他每天早出晚歸，穿梭於城市的大街小巷。但即使如此，除去生活所需的花銷，他能存下的錢也所剩無幾。

有好幾次，小宇都看準了幾個非常有發展前景的機會，但最終全因為資金問題而不得不放棄。有不少他曾經看好的專案，別人後來去做了，如今都賺了大錢，但他卻依然只能攢著微薄的薪資，遙望著不知還有多遠才能觸及的創業夢想。

在大城市裡，像小宇這樣的年輕人其實非常多，他們家境普通，有想法有幹勁，但偏偏缺少資金支持，只能一次又一次地與機會失之交臂，眼睜睜地看著別人正在賺大錢。他們可能同時在做幾份工作，在生活上非常節儉，卻始終賺不夠資金來啟動自己的創業夢想。所以，也難怪會有很多年輕人在感慨，這錢怎麼就那麼難賺啊！

很多懷抱著創業夢想的人去工作的目的就是為了賺錢，累積自己的創業資本。但現實的殘酷在於，鮮有一份工作能在極短時間內幫助你累積到足夠的創業資本，而那些適合你的機會卻總是在一閃而逝的，絕不會為你停留太久。也許，當你終於累積到了足夠的創業資本時，那些特別適合你創業賺大錢的機會，已經沒有了。

想透過上班累積創業資本，這樣的想法是典型的「窮人思維」。而被「窮人思維」主導的人，即使去創業，也不容易成功，更難成為一名真正

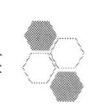

的富人。因為只有擁有「富人思維」才可能成為一名真正的富人。

擁有「富人思維」的人，在創業之前，通常不會花費自己的寶貴時間去換取金錢，他們更願意想方設法去借錢，來幫助自己迅速抓住創業的機會，盡快賺到自己的「第一桶金」，開創屬於自己的事業。

用形象的比喻來說就是，擁有「窮人思維」的人，總覺得在做飯炒菜時，必須要用自己買的鍋碗瓢盆才可以；但擁有「富人思維」的人卻明白，只要能煮出自己的飯菜，假如自己沒有鍋碗瓢盆，去向擁有鍋碗瓢盆的人借來一用又何妨！想致富，你完全可以借別人的「鍋」煮出你自己的「飯菜」。

事實上，擁有「富人思維」的富人都很善於借，而擁有「窮人思維」的窮人卻總是指望著靠自己存錢存出一個光明的未來。結果，富人借到了創業資本，借到了成功的機會。窮人呢？存走了機會，存走了歲月，最後握在手中的，只剩下那些省吃儉用擠出來的微薄積蓄。

在猶太經典《塔木德》裡有這樣一句話：「沒有能力買鞋子時，可以借別人的，這樣比赤腳走得快。」這句話是要告訴世人，即使你手上再沒有資源，只要你善於「借」，懂得借別人的資源，你同樣能贏得自己的成功，擁有自己的財富。

所有白手起家的富豪都明白這樣一條致富祕訣，那就是：「善於借，是窮人躋身富人行列的捷徑。」很多窮人做得又累又苦卻依然成不了富人，就是因為他們不懂得去借力，他們只相信自己，只願意依靠自己。但一個人無論是能力還是資源都極其有限，如果學不會借力，根本就沒有獲得成功、成為富人的可能。

富人與窮人之間的一個顯著區別就是，富人很懂得借力，知道什麼

第四章　資源整合力：讓每一步都勝過千軍萬馬

時候可以信任別人和依靠他人的力量，能夠在恰當的時候冒險，勇於承擔打開財富之門後所帶來的風險。因此，窮人也許不會失敗，但也不可能富有；富人也許會有跌落深淵之時，但也總能抓住一次又一次攀登上財富巔峰的機會。所以，學會「借」，是你邁向致富與成功人生的必經之路。

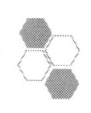

善於整合資源，你就勝過一支百萬雄師

很多人都想致富或者在某個領域裡獲得巨大的成功，然而，他們又覺得自己現在很多方面的條件都還沒有成熟，又或者覺得自己某些方面的能力還不夠，所以遲遲不去付諸行動。為什麼他們會「畏懼」行動呢？因為他們總想等到萬事俱備的時候才邁出去追求財富與成功的第一步。

但是，如果你去請教絕大多數的成功人士，他們都會告訴你，永遠都不會有萬事俱備的時候。退一萬步說，即使你各方面都已經準備好了，但是適合你成功的機會，你已經錯過了。要知道，時代是不斷變化的，任何行業都是動態發展的。極端一點來說，如果你是準備在某些夕陽產業去創業，也許等你準備好的時候，這個產業都已經沒有了。

無論你想在哪一個行業裡贏得成功，收穫財富，你都不需要等到自己萬事俱備時，才開始去做。你完全可以先行動起來，然後再一步一步地讓成功所需要的條件完備起來，從而讓自己做得越來越好。很多時候，當你自己所具備的條件還不太成熟時，你完全可以透過整合資源的方法，來尋求各方面的幫助，以達到你成功的目標。

假日飯店創始人肯蒙斯·威爾遜是整合資源、借力成事的典範。1951年的時候，威爾遜還是建築業的一個小商人。這年夏天，他開著車帶著全家人出去旅行，然後遇到了最令人頭痛的住宿問題。原來，他們沿途能住到的都是汽車旅館。

這些老式的汽車旅館價錢雖然便宜，但是房間矮小簡陋，設備陳舊，衛生條件也很差，晚上甚至還有蟲子咬人！再加上旅館服務生的態度也過於糟糕，所以，他們一家人在吃、住上面都感到很不舒服。

第四章　資源整合力：讓每一步都勝過千軍萬馬

這一趟旅行讓威爾遜看到了旅店業發展的新方向。於是，他冒出了自己去創辦一家便利、衛生、舒適的汽車旅館的想法。經過市場調查，他找到了可行的方案，並決心投入到旅館行業的經營當中。

威爾遜遇到的第一個難題就是資金問題。雖然之前他在建築業做小生意時也賺了一些錢，但與建立大旅館所需要的錢相比，這點錢簡直是杯水車薪。不過，他一點也沒有因為這個困難而停住去創業的腳步，很快，他透過整合資源的方式，向別人借來金錢，解決了自己的這第一個大難題。

事實上，在想辦法解決資金來源時，他也開始尋找人才資源。為此，他替自己將來的旅店制定了一套詳細的方案，並為旅館取了一個很有針對性又溫馨的名字，叫做「假日飯店」。為了能順利募集到足夠的資金，他可是下了大投入的。他把自己的全部積蓄都投入進去，又把住房做了抵押，然後向銀行貸款 50 萬美元。最後，他把所有的資源都集中在一起，並且在旅行者較多的城市──曼非斯市蓋起第一間「假日飯店」，顯示出了整間飯店的輪廓。

威爾遜這一做法果然很有影響力，當這第一間「假日飯店」破土動工後，其壯觀的藍圖馬上引起了社會各界人士的關注。很快，一位 35 歲的叫約翰遜·華盛頓的律師對威爾遜的這一舉動非常賞識，主動聯絡到他，說願意到他那裡參與「假日飯店」的建立。威爾遜當然求之不得，尤其是當他得知約翰遜·華盛頓是曼非斯市建築協會的顧問、具有精明的經營頭腦與透澈的分析能力後，馬上就聘請後者擔任了「假日飯店」的副總裁。

在約翰遜·華盛頓的策劃與協助下，威爾遜制定了一個募集資金的

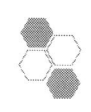

好方法。在募集資金的對象上，他們沒有走常規之路，換言之，他們並沒有去找那些唯利是圖的商家，而是去找了一些願意為社會做好事的醫生、牧師、律師等有穩定收入的中產階層人士，向他們進行資金的募集。

二人周密地擬訂出了無懈可擊的「募集股份」說明，同時開展了有計畫的扎實的宣傳工作，給被宣傳的人留下了有圖樣、有說明和措施的深刻印象。這些做法效果顯著，很快，二人為「假日飯店」發行的每股為 9.75 美元的 12 萬股股票，第一天便銷售一空了。這筆資金的籌措，不但解決了威爾遜的第一間假日飯店能否建成開業的問題，也為威爾遜建立「旅店王國」打下了堅實的基礎。後來，威爾遜的假日飯店大獲成功。

當威爾遜開始建造第一間「假日飯店」時，他其實缺乏大多數資源。然而，他透過整合各種資源，例如資金資源、人才資源等，很好地為自己實現目標而服務，所以，他很快就讓自己的第一間「假日飯店」開了起來。如果他要等到萬事俱備，才開始去開「假日飯店」，很可能一輩子都開不起來。光是準備資金，如果不向銀行貸款、不懂得向特定的人群募招，他恐怕都要儲蓄很多年吧！

可見，懂得整合資源為己所用，是多麼的重要。事實上，一旦你善於整合資源，藉助別人的各種力量來幫助自己成功，你就比一支百萬雄師還要強大。因為你能調動得起各方面的資源與力量，在很短的時間裡實現你的很大的目標。

很多人為什麼一輩子都碌碌無為、一事無成，並不是因為他們缺乏夢想與目標，而是因為他們總是在等待著萬事俱備的時候。他們總是以條件不齊備為藉口，而延後行動的步伐。殊不知，這只會耽擱更多時

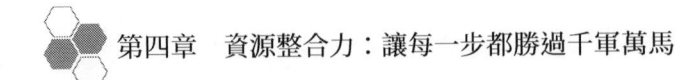

第四章　資源整合力：讓每一步都勝過千軍萬馬

間，失去大好機會。事實上，只要我們能夠分析好時局，看到切切實實存在著的機會，那麼成功就能變成可能。

那些如今取得了巨大成功的人，在剛開始時其實都像威爾遜那樣，有很多條件都不具備，或是資金不夠，或是人力不足，或是技術短缺等等。然而，他們並沒有一味地等待，而是想方設法去整合資源，藉助別人擁有的資源與力量，來為自己的創業服務。切記，從來都不會有萬事俱備的時候。而且，既然可以藉助別人的資源和力量，來成就我們的大業，為什麼還非要等到我們自己萬事俱備的時候呢？

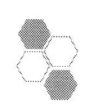

懂得尋求幫助，能輕鬆解決你的難題

無論是誰，在生活和工作中都難免會遇到各式各樣的難題。有很多難題我們自己就能解決，但有一些難題，無論我們怎麼竭盡全力也未必能解決掉。但是，對你來說非常難解決的問題，對於某個人來說也許輕輕鬆鬆就能解決！

在一處沙灘上，有個大概五六歲大的小男孩正在修建著一條「公路」。修著修著，前面有一塊很大的石頭擋住了他「工程建設」的步伐，於是他決定把大石頭搬走。他先是用小鏟子把大石頭周圍的沙子都挖出來鏟走。然後，他準備從大石頭的底部把它掀起來。

沒想到，小男孩手腳並用，使出了吃奶的力氣，也才將石頭搬開了一點點。他發現，自己可能沒有足夠的力氣將這塊大石頭搬出自己這條「公路」。但他不想放棄，繼續想辦法要把大石頭搬走。只見他用手推，用肩拱，用背頂，左搖右晃大石頭，一次又一次地努力，卻一次又一次地失敗了。因為他始終力氣不濟，所以每每將大石頭推開一點，他一放手，大石頭便重新滾了回來。最後一次，大石頭滾回原位時，還撞到了他的膝蓋。突如其來的痛楚，讓小男孩忍不住哭了起來。

小男孩在沙灘上的一切舉動，其實都被不遠處的爸爸透過窗戶看得一清二楚。眼見孩子急哭了，爸爸連忙趕了過來，然後撫摸著兒子的小腦袋說：「孩子，你為什麼不使用你所擁有的全部力量呢？」小男孩非常委屈，掉著眼淚說：「爸爸，我已經用了最大的力氣啦！」

「孩子，並沒有啊！」爸爸說，「你並沒有用盡全力，你並沒有尋求我的幫助啊！爸爸我也是你有擁有的力量啊！」說完，爸爸彎下身去，

第四章　資源整合力：讓每一步都勝過千軍萬馬

抱起那塊大石頭，走到岸邊的礁石群，遠遠地扔了過去。

沒有人是什麼都懂的，也沒有人是什麼都做得了的。我們至多可以成為「一專多能」或者「幾專多能」的「幾料人才」。然而，相比較於世界上成千上萬種能力，我們懂得再多，也掌握不了幾樣。所以，很多時候，當我們遇到了靠自己的能力實在是解決不了的難題時，我們一定要迅速想方設法尋求擅長之人的幫助。

我們能多懂一些，這肯定是好事。但是，我們還應該掌握向他人求助之道。人生成功的捷徑，在於將別人的長處最大限度地變為己用，也就是我們常說的「借力」。

善於借力，也是一種不可多得的能力。個體的力量其實非常渺小，而人互有短長，你解決不了的問題，對別人來說可能就是輕而易舉的事。切記，他們都是你的資源與力量。在工作和生活裡，當遇到困難、感到自己力有不逮時，請你千萬不要蠻幹或者輕易放棄，不妨去想辦法尋求別人的幫助。

很多成功者之所以能取得很大的成功，既因為擁有能獨當一面的能力，又因為他們很懂得向他人尋求幫助。正因為他們懂得在遇到困難時向他人求助，所以他們才得以度過一次又一次危機，攻下一座又一座難關。

從剛畢業開始，小徐便在市區的一家出版社上班。但三年過去了，他還是這家公司裡的一個毫不起眼的編輯，儘管他工作能力極強，工作認真負責。既沒有機會升遷又沒有獲得過大幅度加薪的小徐，上了三年班，居然連在郊區租房子都費力，所以他只能在隔壁縣租住。

每天下班回到出租屋裡，他的心裡就會一陣陣難受：「難道我這輩子

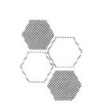

就這樣了嗎？」有一天，他突然想通了，決定努力想辦法改變現狀。要改變現狀，他認為第一步就是要尋求他人的幫助。說幹就幹，他透過網路搜尋到了國內一些知名出版人的聯絡方式，然後逐一向他們打電話、傳郵件，希望能創造與他們合作的機會。

一段時間後，他的這些努力開始見到成效。這些知名出版人裡開始有五六位成為小徐的朋友，他們都很看好這位年輕人，所以都很真誠地傳授了他許多圖書企劃與編輯方面的知識和經驗。

緊接著，他又加入了一個市區出版人群組，並常常參加群組的聚會。在有一次聚會上，他結識了某出版社的總編輯吳老師。於是，小徐將自己對圖書出版的見解和自己的未來打算都詳細地跟吳老師說了。吳老師很欣賞這位年輕人，覺得他很有闖勁和打拚精神，將來一定會有所成就。於是他對小徐說：「小徐，如果以後有機會，希望我們能合作。只要我還在出版圈裡，你需要我幫你什麼忙，你儘管開口。只要是我力所能及的，我都義不容辭。」小徐感激地記下了吳老師的話。

過了沒多久，小徐把曾經在圖書市場上非常暢銷的圖書做了再版，將封面、插圖都做了重新設計，感官上更加吸引人，價格也定得更加合理。然後，他聯絡了吳老師：「吳老師，我把這本書重新企劃、包裝了一下，請問能和貴社合作嗎？」吳老師了解了小徐對這套書的企劃包裝思路後，便爽快地答應了。

又過了一段時間，這套書順利地出版發行了。由於這套書的設計與價格定位都很到位，所以銷量非常好。這套書也為小徐帶來了十幾萬元的利潤收入。憑藉著這筆錢，以及吳川的鼎力相助，小徐在出版業裡逐漸嶄露頭角，還開了一家屬於自己的圖書公司，當上了老闆。現在，小

107

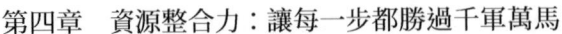

第四章　資源整合力：讓每一步都勝過千軍萬馬

徐已經在出版圈裡小有名氣，身價則達到了五千萬元以上。

懂得尋求他人的幫助，遠比自己單打獨鬥去當一名孤膽英雄要活得更輕鬆，也更容易成功。古往今來，許多成功者最初都沒有什麼實力，他們之所以成功，相當程度上得益於他人的幫助。

無論你是想開創一番事業，還是想在職場裡獲得很好的發展，你都需要懂得尋求他人的幫助。在當今這個時代，即使你擁有幾項特別棒的能力，但也還是盡量不要僅憑一個人的力量去盲目打拚，不要讓自己變成一名「獨行俠」，因為生活的艱難、工作的繁重不但會令你吃不消，甚至還有可能過早地耗盡你的生命。切記，獨自一人拚死拚活，遠遠比不上藉助他人的力量來成就自己的事業要來得更加輕鬆愉快。

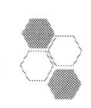

借人才之力推動你的事業向前發展

劉邦成為漢高祖後便冊立了長子劉盈為太子。但劉盈年齡越大劉邦就越發現前者性格懦弱，才華平庸。相比之下，自己的二兒子、趙王劉如意卻聰明過人、才學出眾，更重要的是，劉如意在性格上和自己特別像。所以，劉邦特別喜歡劉如意而對劉盈並不大滿意。後來，他更是想廢掉劉盈的太子之位，轉立劉如意為太子。

劉盈的母親呂雉在覺察到了劉邦的心思後，心裡很著急。於是她馬上向張良求計。張良替她出主意說，現在馬上去把「商山四皓」聘來給太子做賓客，這樣皇上就會打消廢太子的念頭。

商山四皓，指的是秦末漢初（西元前 200 年左右）的東園公、甪里先生、綺里季和夏黃公這 4 位著名學者。由於不想當官，這 4 人長期隱居在商山。當呂后請他們出山時，4 人皆已 80 多歲，眉皓髮白，故被稱為「商山四皓」。

劉邦其實早就知道「商山四皓」的大名，並且派人去請這 4 人出山，請了很多次，但他們都拒絕了。有一天，劉邦與太子劉盈一起吃飯時，發現太子的背後站著 4 位白髮蒼蒼的老人。劉邦一問才知道他們就是傳說中的「商山四皓」。這時，四皓上前向劉邦謝罪道：「我們聽說太子是個寬厚仁孝之人，還很禮賢下士，所以我們就一起前來當太子賓客了。」

劉邦知道大家都很同情太子，又看到太子有 4 位大賢輔佐，於是打消了改立趙王如意為太子的念頭。劉邦去世後，劉盈繼位，史稱漢惠帝。

沒有張良出的主意以及「商山四皓」的幫助，劉盈很可能就保不住太

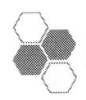

第四章　資源整合力：讓每一步都勝過千軍萬馬

子之位了。當這些頂級人才願意幫助他之後，他才算是真正坐穩了太子之位，最終順利成為皇帝。

這個案例告訴我們，在發展事業、追求成功的路上，我們一定要學會借人才之力，推動我們的事業向前發展。在所有的資源裡，人才資源無疑是一個不容忽視的關鍵性資源，因為任何人想要成就事業，都離不開人才對其的鼎力相助。只有把優秀的人才吸引到自己身邊，讓他們心甘情願地發揮他們的長處，才能推動你的事業迅速向前發展。

我們都已經知道，任何一個人，無論個人能力再強，也總會有短處，當我們要發展自己的事業時，我們一定要把自己的優勢、天賦發揮得淋漓盡致，而對於我們的劣勢和缺陷，最好是尋找相關的人才來彌補我們的不足。當我們能與人才進行優勢互補時，我們的事業發展得會更加順暢，成功的速度會更快。

微軟創始人比爾蓋茲能獲得巨大的成功，離不開眾多人才對他的鼎力支持。在微軟公司創立初期，公司裡的員工基本上都是年輕人，他們在從事技術研發與做行銷業務時都是一把好手。然而，在公司內務與行政管理方面，這些人才就都沒有什麼耐心去做。可是，這些工作總是要有人來做的，既然目前公司裡的年輕人都不適合去做，比爾蓋茲便去招了一個人，專門負責處理這些事情。

剛開始時，比爾蓋茲招來的是一名大學剛畢業的女學生。來了之後，比爾蓋茲安排她當公司祕書。然而，這個祕書到了公司後，除了自己的分內事，別的工作一概不管，這讓比爾蓋茲很不滿。這時，他意識到公司應該應徵來的是一位熱心爽快、能事無鉅細地把後勤工作全攬下來的管家式女祕書，絕不能讓這些事情再分自己的心了。於是，他馬上

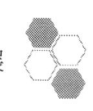

解僱了這位祕書,然後招來了自己想要的那種類型的祕書──一個叫露寶的 42 歲的女人。

露寶來到微軟公司不久,就發現蓋茲工作得很辛苦,為軟體設計傾注了大量的心血,經常躺在地板上就睡著了。剛開始時,她還以為蓋茲躺在地板上是因為他暈過去了,後來才知道他是太累了。從那以後,每次當蓋茲累得睡在地板上時,她就會像一位母親呵護兒子一樣替他蓋好衣服,然後再悄悄出去,掩上門,讓蓋茲能好好地睡一覺。

在工作上,露寶也是一把好手。很多人都知道蓋茲是談判高手,然而有好幾次,當蓋茲談不下來客戶,換露寶出馬時,總能談下來!雖然這樣的情況不是很多,但這也說明了露寶除了能做好後勤、行政工作外,在談判上也是有一定能力的。露寶把微軟看成是一個大家庭,對每個員工都非常關心。後來,蓋茲和其他員工對露寶都有了很強的依賴心理。

過了幾年,當微軟決定把公司遷往西雅圖時,露寶由於丈夫的原因不能跟著蓋茲他們去西雅圖,這令蓋茲他們對她依依不捨。在確認露寶確實去不了西雅圖後,微軟高層聯名寫了一封推薦信,推薦露寶去了當地一家福利待遇非常好的企業。臨別時,蓋茲握住露寶的手,很動情地說:「微軟公司永遠為妳留著空位置,隨時歡迎妳,妳快點過來吧!」3 年後,露寶先是一個人去到西雅圖,後來又說服丈夫舉家遷了過去。

在這個案例裡,比爾蓋茲從工作需求出發選擇了露寶當後勤主管,從而為自己省了不少時間、精力,讓自己可以從後勤、行政等瑣事上抽身出來,可以更專注地投入到自己最擅長的軟體開發與市場行銷中,從而加速了自己事業成功的步伐,直至後來事業如日中天。

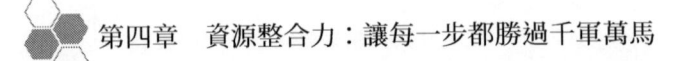

第四章　資源整合力：讓每一步都勝過千軍萬馬

可見，如果你想成就一番事業，就必須學會讓各式各樣的人才來幫助你，讓你可以專注於自己最擅長的事情上，而那些你不擅長的事，就交給擅長它們的人才們去幫助你做好即可。當你能借人才之力去推動你的事業向前發展時，你的成功會更快到來。

借財生財：富人懂得讓金錢為自己服務

在這個世界上，能夠用別人的資源和力量，來幫助自己把事情辦成，這才是真本事；能夠借用別人的錢來幫助自己賺錢，這才是賺錢高手。就以賺錢來說，世界上絕大多數富豪都懂得向銀行借錢來為自己企業服務的經營祕訣。當然，只要能為自己賺錢，什麼地方的錢都可以借來為自己服務，而不僅僅限於銀行的錢。

超級富豪們都懂得借財生財，都深諳讓金錢為自己服務之道。如果你還不是有錢人，但你又想讓自己未來成為有錢人，那麼你一定要學會向別人借財來「生」你的財富。如果你不懂得如何讓別人的金錢來為你服務，你很難成為有錢人。事實上，當你懂得如何藉助別人的錢來讓自己賺錢時，你將很快變得有錢。

已故加拿大著名華人企業家林思齊40多歲才攜家前往加拿大定居。到了加拿大後，林思齊走過了一段艱難摸索的路程，後來，他藉助別人的經驗與別人的金錢，達到了成功發展自己事業的目的，最終還在加拿大建立起了一個屬於他的「房地產王國」。總結林思齊的成功之道，巧借別人的錢，是他藉助他人的力量有效地發展自己的最成功的要訣。

林思齊是怎樣借財生財的呢？我們不妨來看看他的一個真實的故事。有一天，他的一位老朋友來到加拿大找他買地。兩人見面後，老朋友跟他說，他很想買林思齊的某塊地，但要求林思齊也掏一半錢出來投資，要不然他不敢買。

林思齊一聽，面露難色，然後真誠地對老朋友說，自己其實沒有錢。朋友不相信，還提到林思齊曾在香港當過銀行經理，拿出這筆錢應

第四章　資源整合力：讓每一步都勝過千軍萬馬

該不成問題啊！林思齊還是跟朋友實話實說，自己確實沒錢。但他又跟老朋友提出，如果他肯借錢給自己，自己同意一人投資一半。這位老朋友出於對林思齊的信任，便借錢給他，然後一起合作經營起了房地產買賣。

就這樣，林思齊於1973年創立了加拿大國際房地產公司。這一次成功的合作，讓林思齊受到了很大的啟發，還發現了一個合資的方程式，讓他獲得了施展自己才華的機會。從此，香港人到加拿大投資，林思齊都會遊說他們借錢給他，然後合資做生意。他借錢開的合股公司達到了20多家，每家公司都由他自己當總經理，他的合作夥伴則擔任公司的主席。

說到巧借別人的錢來為自己生財，林思齊最得意的一次，要算美國舊金山市市中心的保險交易大廈的買賣。1973年，由於世界石油危機的困擾，美國經濟受到了巨大的影響，美國的地產業同樣一蹶不振，結果由於美國各家銀行對房地產業的借貸都非常保守，導致美國很多家房地產公司生存得越來越艱難。

在這段時期裡，舊金山市市中心的保險交易大廈以400萬美元的價格放盤。識貨的林思齊一下子就看準了這座大廈具備升值的潛力，很值得買到手。沒想到，當他還在籌款的時候，這幢大廈就已經被一名猶太人以425萬美元的價格搶先買走了。雖然大廈沒買成，但林思齊卻主動找到這位猶太人，和他成為好朋友。林思齊還請對方吃了一頓飯。在吃飯的時候，他一方面稱讚了猶太人很有眼光，另一方面又很有誠意地表示，如果對方將來要轉賣這幢大廈，請首先告訴他。

9個月後，這位猶太人果然致電給他，願意以540萬美元的價格轉讓

給他。雖然這個價格要比9個月前猶太人買的時候漲了115萬美元，但林思齊毫不猶豫地按照猶太人的出價買了下來。但是，在交易過程中，林思齊卻向對方提了這樣一個條件，那就是希望猶太人先借款給他，借期為7年，年息7厘。出人意料的是，這位猶太人由於對林思齊的印象一直以來都非常好，所以真的答應了這個看似不可能會答應的條件。

林思齊買下了這棟大廈之後，美國房地產業的形勢開始好轉。很快，有一位英國大地產商願意掏2,250萬美元的現金買下這幢大廈。林思齊同意把大廈賣給了這位英國人。最終，這筆買賣讓林思齊淨賺了1,710萬美元。

林思齊的成功故事告訴我們，如果你善於借財生財，就有可能幫助你迅速致富。對於任何一位創業者來說，想要創業成功都必須學會整合資源，借來各種「力」，以幫助自己更快地成功。在這些資源和「力」裡，最重要的無疑就是錢。換言之，在創業過程中，最需要借到的資源是錢。

然而，借錢絕對不是一件容易的事，其難度與你所借的金額大小成正比。一位知名企業家說：「謀人錢財，其難度僅次於奪人貞操。」可見，能夠從別人手裡借到錢，絕對是一項大本事。

人們通常不知道自己究竟有幾斤幾兩，但只要涉及「借錢」這件事，就很容易找到自己的定位。金錢不是證明個人價值的唯一的東西，但絕對是最能真切反映你個人價值的東西。你能借得到多少錢，從某種意義上反映出了你在他人心目中到底值多少錢。

曾有這樣一個年輕人，很熱衷於交際，手機裡面存了幾千個電話號碼，大街上隨便遇到一個人，似乎都和他有過交集：或一起吃過飯喝過

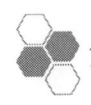

第四章　資源整合力：讓每一步都勝過千軍萬馬

酒，或一起出席過某個活動，或一起參加過某個聚會。在這位年輕人看來，這些東西就是他最寶貴的資產——人脈。但後來，當他因為欠了很多錢而被追債時，他一個個地撥通這些手機號碼，但最後連一分錢都沒有借到！

一個人真正的價值與本事在其風光無限時往往看不出來，只有落難時，看這個人能借到多少錢，借到多少人脈，借到多少援助，才能反映出這個人真正的身價與本事。就像剛才提到的這位年輕人，雖然存了幾千個人的聯絡方式，但卻沒有一個人願意幫助他。換言之，這些人並不能算是他的資源。

回到借錢這個話題，很多人都害怕向別人借錢，所以，想讓他們學會借財生財的本領，還挺難的。那些能夠成為富人的人，就不會顧慮太多，不會放不下自己的自尊心，因為任何想成為富人的人都明白自己真正應該在意的是什麼，絕不會死要面子。總之，想要致富，遠離貧窮，你一定要練好借錢這門本事，儘早讓自己成為借財生財的高手。

藉助團隊的力量，更容易實現你的理想

你是否留意過這樣一個現象：成功人士無論自己本身多麼精明能幹，手下都會有一個團隊，這個團隊可能與他的事業有著直接的關係，也可能與他的事業沒有直接的關係，但這個團隊是必不可少的。

為什麼成功人士會熱衷於組建團隊呢？因為在一支團隊裡，可以有許多具備不同特長的人，每個人都既可以幫助他們去完成那些沒必要讓自己親自去做的事情，又可以在團隊之中與其他成員相互合作，這樣做起事情來往往能事半功倍。更重要的是，如果團隊組建得好，我們完全可以藉助團隊的力量來幫助自己成就大事業，實現大目標。

「股神」華倫・巴菲特在創業初期時，他的公司規模並不大，甚至人數最少時，公司裡還不到20個人。但是，這些人卻為他帶來了巨大的效益。因為這些人不但可以幫助巴菲特分析更多的資訊，讓他從中尋找到獲利的機會，更為他帶來了廣泛的人脈與機會。這其中，他重要的合作夥伴同時也是他生活中的摯友查理・蒙格，就為他的公司做出過巨大的貢獻。

查理・蒙格具備巴菲特所沒有的謹慎多疑，但有時候又能展現出巴菲特所不具備的冒險精神。正是查理・蒙格的存在，幫助巴菲特在生意上免受了許多損失，而收購美國加利福尼亞州最大的糖果公司「時思」糖果，更是由查理・蒙格一手促成的。這筆收購讓巴菲特賺得盆滿缽滿。

組建團隊有助於資源的最佳化，從而產生節省成本、提高效益的作用。巴菲特在股票與數字方面有著超越常人的天賦，同時，他在組建團隊上也頗有心得。在年輕時，他就已經是一個非常擅長組建團隊的人

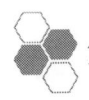

第四章　資源整合力：讓每一步都勝過千軍萬馬

了。他從小對經商就很感興趣，從那時候開始他已經在經營自己的各種事業了，並且一美分一美分地累積著自己的財富。等到他上大學時，他手中已經有了幾百美元。

這段時期裡，巴菲特認識了一個非常擅長修理機器的朋友。儘管此人在經商方面一竅不通，但巴菲特還是和他成為朋友。後來，正是這個朋友幫助巴菲特賺到了人生中真正意義上的第一桶金。那段時間裡，巴菲特負責收購破舊的遊戲機和報廢的汽車，他的這位朋友則負責將其修好。隨著經營能力的日益成熟，巴菲特手裡的幾百美元很快便翻了數倍。

「鋼鐵大王」安德魯・卡內基也很懂得組建一支團隊的重要性，所以，他花了100萬美元的年薪為公司聘請了一位名叫舒瓦普的執行長。即使是在如今，頂級企業當中能獲得這樣高薪的人也沒有太多，更何況這件事情發生在1921年！

但卡內基本人覺得很值得。他之所以願意花如此重金去聘請舒瓦普，主要是因為舒瓦普本人有著廣泛的人脈與豐富的資源。聘請了舒瓦普，就相當於自己的公司也可以借用舒瓦普的人脈等資源來為自己的企業賺大錢了。

要建設一個好團隊並不容易。團隊和群體不一樣，不是只要把一群人機械地組合在一起就能稱之為團隊，更別說是優秀的團隊了。一個真正優秀的團隊，應該有共同的奮鬥目標，其團隊成員之間應該相互依存，相互影響，形成某種心照不宣的默契，從而很好地相互合作，實現團隊力量的最大化。

談到優秀團隊的組建與發揮最大的戰鬥力，筆者想到了很多人都喜

藉助團隊的力量，更容易實現你的理想

歡玩的線上遊戲。通常一款好的線上遊戲，在角色設定方面往往會講求平衡與互補。換言之，無論你選擇哪一個職業的角色，其綜合能力方面的差異都不會過大，但同時每個角色又有著各自擅長或不擅長的技能。

在線上遊戲裡，開發者們通常會設定許多難度不等的關卡。對於簡單的關卡，玩家自己一個人也能輕鬆通過，但如果是難度較大的關卡，就需要組隊進行突破瓶頸才能通過。在線上遊戲裡，組隊也是很有講究的。通常來說都會盡可能涵蓋所有職業的角色，每個角色在團隊中都有著明確的分工。例如防禦力較強的玩家通常負責吸引火力；具有治癒技能的玩家則主要負責為團隊「補血」；擅長近距離攻擊技能的玩家通常負責打頭陣；擅長遠距離攻擊技能的玩家則主要負責殿後⋯⋯

對於某些難度較大的地圖，再怎麼厲害的玩家也不可能憑藉一己之力通關，而如果組成團隊，那麼團隊中的玩家可能只要有中等操作水準，就能相互配合，輕鬆過關。這就是團隊的力量，有的事情，憑藉一人之力，可能一輩子也難以做到；但如果依靠團隊，卻輕輕鬆鬆就能完成。

在現實中，也總有一些企業、組織，非常善於利用團隊的力量，總能透過團隊各成員的高效合作，去完成很多看似不可能的事情，創造出一個又一個奇蹟。

一個人再有天賦再能幹再「多專多能」，始終力量有限，所以成就也會非常有限。更重要的是，有些目標與理想，僅靠一個人無法達成。但是，當你能夠把自己融入一個優秀的團隊裡面去，善於藉助團隊的力量時，你就能很容易達成自己的目標，實現自己的理想，獲得自己想要的財富，贏得自己想要的成功。

第四章　資源整合力：讓每一步都勝過千軍萬馬

● 向名人「借光」，迅速提升你的影響力

　　什麼叫做「借光」？要理解好這個詞，我們不妨先看下面這個故事。當晉元帝司馬睿還只是琅邪王時，王導覺察到天下已亂，便有意擁戴司馬睿登上帝位，復興晉室。當時機尚未成熟之時，他勸司馬睿不要再住在洛陽，而應該回到自己的封國去。作為琅邪王的司馬睿，其封國在吳。然而，當他回到吳地後，當地的吳人都沒有主動搭理他。

　　一個多月後，看到當地的名門望族沒有一個人前來拜望司馬睿，王導心裡有些著急了。於是，想了個方法，準備藉助當地的名人，來提升司馬睿在吳地的威望與影響力。

　　他找到了在吳地擁有很大勢力的堂兄王敦，說：「琅邪王雖然仁德，但名聲不大，而你在此地早已是有影響力的人了，應該幫一幫他。」王敦答應了，兩人約好在三月上巳節時，一起伴隨著司馬睿，去觀看修禊儀式。

　　到了上巳節的那一天，王導二人讓司馬睿乘坐轎子，威儀齊備，他們自己則和眾多名臣驍將騎馬扈從。吳地大名士紀瞻、顧榮等人看到了這種場面，感到非常吃驚，於是相繼在路上迎拜。

　　這件事結束以後，王導又對司馬睿說：「自古以來，凡是能稱王得天下的人，都會虛心地招攬俊傑。現在天下大亂，要成大業，當務之急便是要取得民心。顧榮、賀循二人是這裡的名門之首，把他們吸引過來，就不愁其他人不來了。」

　　聽了王導的話後，司馬睿馬上派王導親自登門去拜請顧榮、賀循。這二人欣然應命前來朝見司馬睿。受到這二人的影響，吳地士人、百姓

從此便歸附了司馬睿，這就為東晉王朝的建立奠定了堅實的基礎。

從社會心理學角度來理解，「借光」是一種心理現象。國外將這種現象稱之為「暈輪效應」，是指由於外在力量的影響使得某事物增光添色，就好像聖像頭上的光環使聖像顯得更為高大、更有影響力一樣。利用這一效應，就可以藉助權威的力量擴大自己的影響力，提升自己的形象，增加自己的威望。這也正是王導為司馬睿向吳地名士們借光的本質。

在當代社會裡，「借光」這種手段已經在政治、經濟、文化以及外交等領域得到了廣泛的應用。稍為留心就能發現，無論是在電視裡、報章雜誌上，還是在別的廣告媒體上，許多商業廣告都喜歡花重金邀請名人來推廣自己的產品。這其實就是在利用名人的資源，向名人「借光」。

根據社會心理學家研究顯示，那些有頭有臉的人物、明星們都喜歡用的東西，普通人在心理上往往也比較容易認同，甚至可能會在使用該產品時，心裡還會有一種自豪感：「看！我和×××用的是同一個品牌的東西。」

「保靈蜜」是美國一家公司生產的天然花粉食品。剛上市時這個食品賣得很不好，老闆想了很多辦法，依然沒有讓這個產品賣出去。於是，老闆召集全公司的人一起開會，準備集思廣益，討論一下怎樣才能激發消費者對「保靈蜜」的需求熱情，如何才能讓消費者相信「保靈蜜」對其身體大有益處。

討論來討論去，一天下來大家依然沒能拿出一份真正可行的方案。正當大家一籌莫展時，負責公關的貝蒂帶來了這樣一則喜訊：時任美國總統隆納・雷根長期食用「保靈蜜」。

原來，貝蒂非常善於結交社會名人，常常從一些名流那裡得到一些

第四章　資源整合力：讓每一步都勝過千軍萬馬

非常有價值的消息。這一次她從雷根總統女兒那裡聽到了對自己所在的企業十分有利的談話。據雷根女兒說：「20多年來，我們家冰箱裡的花粉就從未間斷過，父親喜歡在每天下午4點吃一次天然花粉食品，長期如此。」

很快，貝蒂又從雷根總統的助理那裡得到消息，雷根在強身健體方面有著自己的獨特祕訣，那就是：吃花粉，多運動，睡眠足。

這家公司在得到上述消息並徵得雷根總統的同意後，馬上發動了一個全方位的宣傳攻勢，讓全美國的老百姓都知道，美國歷史上就職年齡最大（後被川普超越）的總統雷根之所以體格健壯，精力充沛，主要是因為他經常服用天然花粉。很快，「保靈蜜」在美國大賣特賣。後來，它還被出口到歐洲與南美，暢銷全球。

「保靈蜜」透過向時任美國總統雷根「借光」，迅速提升自己的影響力，最終創造了銷售奇蹟。這告訴我們，在商業社會裡，當你學會向名人「借光」，並用在正確的事情上，你不但能提升自己的影響力，甚至還能為自己帶來巨大的財富。

懂得向名人「借光」，回報是非常大的。當然，向名人成功地「借光」也不是一件很容易的事，要求我們具備一定的智慧與能力，否則很可能借不到「光」。2008年，歐巴馬成功當選美國總統，然後帶著妻子和女兒離開了位於芝加哥的老家，搬到了華盛頓白宮。在接受媒體訪問時，他曾深情地表示，自己很喜歡位於芝加哥海德公園的老房子，等任期一滿，自己卸任以後，還會帶著家人回到老家居住。他的這些話讓他那些在芝加哥的老鄰居們都很高興，尤其是一位名叫比爾的鄰居。

原來，比爾一直期盼著歐巴馬能成功當選美國總統，這樣他就可以

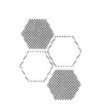

向歐巴馬「借光」，讓自己的房子賣出一個高價。他特意建了一個網站，全方位介紹自己的住宅，希望能更有效地推銷自己的房子。比爾的房子是一幢豪宅，建築面積 500 多平方公尺，擁有 20 個房間，從網站上的照片和影片可以看出，住在裡面一定會非常舒服。更重要的是，歐巴馬曾多次來此做客，並在這座房子裡的壁爐前拍過一個競選廣告。從某種意義上說，這是一棟已經被載入史冊的房子！比爾相信，有了這些賣點，他的房子一定能賣出 300 萬美元以上的高價。

訪問這個網站的人很多，但有購買意向的人卻一個都沒有！這讓比爾百思不得其解。為了找出原因，他仔細查看了網站上的留言。原來，大家擔心買了他的房子之後，就會生活在嚴密的監控之下。原來，歐巴馬夫婦、女兒雖然都去了白宮，但這裡依然有多名特務在保護歐巴馬的其他家人，附近的公共場合也都被密集的攝影機覆蓋。只要出了家門，隱私權就很難得到保護。更要命的是，等歐巴馬任期結束回來之後，各路記者肯定會蜂擁而至。到那時候，鄰居們的生活必將受到更嚴重的干擾，因為每個人每天出入都會被保全、特務們檢查、盤問。試想，哪一個正常人願意生活在這樣的環境，更何況是買得起豪宅的人？

又過了一年，比爾的房子依然無人問津，他非常心焦，因為他等著錢用。正在他不知道該怎樣才能把自己的房子推銷出去時，一個叫丹尼爾的人找到了他，要買他的房子。兩人經過一番討價還價，最終確定交易金額是 200 萬美元，而且需要分期付款。比爾好不容易才遇到了一個誠心的買主，最終做了很大的讓步，同意了對方的請求。

丹尼爾在付了首付款並簽完購房買賣合約後，便將房子抵押給了銀行，貸出了一筆款。然後，他把這棟豪宅改造成了幼稚園。原來，丹尼

第四章　資源整合力：讓每一步都勝過千軍萬馬

爾本來就是一家幼稚園的園長，因此，在這裡辦一家幼稚園並不是難事。當房子的用途從居住改為幼稚園之後，那些過於嚴密的監控就顯得很有必要。事實上，這個毗鄰歐巴馬老宅的幼稚園，成為全美最安全的幼稚園之一。很多富豪都願意把孩子送到這裡來。

為了幫幼稚園做推廣，丹尼爾請了很多名人來為孩子們上課。這些名人裡有不少是黑人明星，他們為歐巴馬感到驕傲，也為能替幼稚園講課而激動，因此都很樂意接受邀請。幼稚園開業兩個月後，歐巴馬抽空回老家轉了一圈，順便看望了一下他的新鄰居們，這一下，幼稚園更加有名了。越來越多名人主動表示願意無償來與孩子們交流，同時，越來越多的家長打電話諮詢，想讓自己的孩子來此接受教育，為此多付幾倍的學費他們也樂意。很多廣告商主動聯絡到丹尼爾，想在幼稚園的外牆上做廣告，因為這裡的媒體曝光率非常高，不用來做廣告太可惜了。為此，丹尼爾舉行了一次拍賣廣告牆的活動，獲得了一大筆廣告收入。

這個案例啟示我們，如果不懂得如何向名人「借光」，即使有名人的「光」可借，也很可能借不到。而那些善於向名人「借光」的人，往往能借到名人「最亮」的「光」，然後幫助自己收穫盡可能大的回報。

第五章
人脈加成術：
搭建屬於你的成功橋梁

第五章　人脈加成術：搭建屬於你的成功橋梁

● 有人脈助你，才華更容易找到用武之地

　　世界上到處都有才華出眾的窮人，他們能力不凡、一身本領，卻始終一事無成。為什麼會這樣呢？究其原因，是缺乏含金量高、在關鍵時刻能助他們一臂之力的人脈。沒有人脈，才華歙沒有用武之地。如果一個人覺得自己懷才不遇，很可能就是因為他還沒遇到貴人。在這種情況下，這個人如果能主動出擊，尋找自己生命中的貴人，那麼他的才華一定能得到淋漓盡致的發揮。

　　美國好萊塢有這樣一句名言：「一個人能否成功，不在於你知道什麼或者做過什麼，而在於你認識誰。」如果有一天你遇到了能讓你的才華得到用武之地的人，你一定要牢牢抓住。

　　好萊塢老牌影星寇克‧道格拉斯曾紅極一時。其實，年輕時的寇克‧道格拉斯也落魄潦倒過。剛開始時，包括許多知名導演在內的絕大多數人都不認為他能成為明星，所以，他遲遲得不到展露自己才華的機會。

　　有一天，他乘坐火車外出旅行。旅途漫漫，為了打發時間，他主動與身邊的一位旅客攀談了起來。這位旅客是一位女士，沒想到，他這一聊居然為自己聊出了一個很大的機會。當他結束旅程回到家後不久，便被邀請到一家製片廠去報導。原來，寇克‧道格拉斯在火車上熱聊的那位女士，是好萊塢的一位知名製片人。

　　從此，寇克‧道格拉斯的事業有了一個新起點。在這位女製片人的幫助與提攜下，他很快便獲得了很好的發展。當年，他就憑藉在電影《奪得錦標歸》中扮演殘酷無情的拳擊手而一舉成名。後來，他又出演了很多具有社會影響力的電影，如《梵谷傳》、《光榮之路》等，從此確立了

自己在世界電影史上的地位。

有人脈的幫助，有貴人的提攜，一個有才華的人會更容易獲得機會的垂青。在這個故事裡，由於女製片人的出現，寇克・道格拉斯的才華便能充分地發揮，他的命運也因此獲得了改變！

無論是誰，個人能力再強也終究有個上限，更何況即使擁有足夠強大的能力與令人驚豔的才華，也不一定會有用武之地。當一個人確立了自己的奮鬥方向，並朝著正確的方向努力奮鬥時，如果他費盡心思都無法取得成功，那麼這時候就需要一位貴人來指點、幫助和提攜他。正所謂「萬事俱備，只欠東風」，只有貴人這股「東風」一到，他的才華方能發揮出來。貴人何來？從一個人努力打造的人脈圈裡出來！

2001年11月16日，時任總統的小布希提名康朵麗莎・萊斯擔任新一屆的國務卿，以頂替前一日辭職的鮑威爾。萊斯接受了提名，於是她便成為美國歷史上第一位女性非裔國務卿。

美國雖然是一個人人都有機會實現夢想的社會，但一位女性想要成為國務卿，即使是白人也很難做到，何況是一位黑人。顯然，萊斯能登上如此高位，其個人必定能力出眾、才華過人。但在美國，比萊斯能力和才華更出眾的人非常多，為什麼小布希會選擇了她而不是別人？歸根究柢，發揮關鍵作用的，依然是人脈的力量。

萊斯出生於美國阿拉巴馬州伯明罕市。從小她就在父母的培養下，建立了強大的自信心，樹立了遠大的志向。母親經常這樣教育萊斯：「妳要擁有這樣的自信，即使我現在不能從伍爾沃斯連鎖店獲得一份漢堡，但我總有一天會成為美國總統。」

青少年時代的萊斯，也有著和普通人一樣的愛好：愛瘋狂購物，愛

第五章　人脈加成術：搭建屬於你的成功橋梁

穿豔麗的服裝，愛用黃金珠寶來裝飾自己，愛看足球比賽，熱衷體育鍛鍊。在所有的愛好裡，她最喜歡的是音樂。她3歲便開始學習彈鋼琴，後來還獲得過美國青少年鋼琴大賽第一名。當時，萊斯的夢想是當一名職業鋼琴家。然而，有一天當她聽了一場以政治為主題的講座後，她便改變了自己的志向，決定棄樂從政。此後，她開始攻讀政治學，並獲得了博士學位。

當然，在刻苦攻讀時她還懂得另一個道理：在美國政壇想出人頭地實現自己的政治夢想，就必須建立起一個屬於自己的高價值人脈圈，就一定要有貴人提攜自己，否則很難成功，尤其像她這樣出身於非裔家庭的女性。所以，在不斷提升自身學識、能力的同時，萊斯也在積極打造自己的高價值人脈圈，主動去尋找自己生命中的貴人。

1995年，她前往德克薩斯州拜訪美國前總統老布希。在那裡，她第一次見到了後來也當上了美國總統的小布希。不過那時候，小布希剛剛當選德克薩斯州州長。那次見面，萊斯與小布希相談甚歡，但那一次兩人的話題並不是政治，而是體育。這兩個人都喜歡體育。

萊斯和小布希的第二次見面是在1998年。當時的小布希已將目光瞄準了白宮。這兩個人是在老布希位於緬因州的夏季度假別墅見面的。對於這次見面，萊斯後來回憶道：「除了打網球，我們還常常出去划船，並坐在別墅後門廊上進行了多次聊天，話題是下一任美國總統將面臨的外交政策。」後來，隨著小布希當選為美國總統，萊斯的政治夢想也得以實現，並迅速當上了美國國務卿。

如果沒有人脈與貴人提攜，才華再高的人也很可能會懷才不遇。而一旦遇到了賞識自己才華與能力的貴人，我們很快就會擁有讓自己的才

有人脈助你，才華更容易找到用武之地

華與能力的用武之地。如果沒有人脈相助，你再有才華和能力，很可能也只是一分耕耘，一分收穫；但如果有人脈的鼎力相助，你的才華和能力便能更好地施展，那麼你很可能會一分耕耘，收益倍增。所以，一定要學會經營你的人脈，拓展你的圈子，讓足以改變你命運的貴人出現在你面前，主動提攜你，讓你的才華和能力獲得能充分發揮的平臺，最終成就自己。

第五章　人脈加成術：搭建屬於你的成功橋梁

● 越早經營人脈，越早成就大事

中國現代女作家張愛玲說過：「出名要趁早。」無論是誰，若想實現某個目標，達成某個願望，讓某個夢想成真，都要提早動身，趕緊行動。要知道，人生是一條單行線，歲月是不等人的，年齡過去了就是過去了，不可能再重來。

其實，不僅出名要趁早，很多事情也應該越早去做越好，例如經營人脈，拓展圈子，尋找貴人。如果你想藉助人脈來幫助自己成就大事，那麼你越早經營自己的人脈，就越能對你的事業有利。

艾迪就讀的大學離自己的老家非常遠。大學四年他都沒有回過家，每年寒暑假他都會留在學校裡打工。為什麼他會這樣做呢？一是因為他的家境很普通，為了不增加家裡人的負擔，他總是想辦法打工賺錢養活自己；二是回家的路費太貴，如果家裡沒有什麼急事，為了省錢，他會盡量不回家。

在大學裡，他攻讀的是證券專業。大學三年級後，他知道對於自己這樣專業的學生來說，只有去紐約才能有更大的發展空間。而且紐約這樣的大都市裡，還有好多家著名的證券交易所，如果能在其中一家裡面工作，簡直是證券專業的畢業生夢寐以求的事情。

眼看還有一年就要畢業了，為了實現自己畢業後到紐約的某家證券交易所工作的目標，他開始想辦法。艾迪想到，自己在這座城市裡幾乎沒有人脈，平時除了和同學、老師有聯絡外，再也沒有和其他人深交了。他決定改變自己，圍繞著自己的事業目標去拓展人脈。

透過自己的努力「發掘」，他驚喜地發現，和他關係最好的那位同

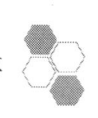

學就來自於紐約，而且該同學有一位遠親正好在紐約最大的證券交易所任職！

於是，艾迪請求那位同學向他的那位遠親引薦自己。當然，他也明白，要想進入那家公司，任何人都要參與公平的競爭，透過正規的應徵管道才能實現。艾迪希望認識一個在證券行業任職的人，是因為他想從中學到一些實踐經驗，並且有可能的話，還可以被推薦到證券公司去實習。

大學三年級的學業結束了，接下來便是暑假。艾迪的那位同學答應了艾迪的請求，把他介紹給了自己的遠親。同學的遠親熱情地幫助了艾迪。從此開始，艾迪利用一切機會向同學的那位遠親學習。同時，艾迪也總是積極主動地幫助對方做一些力所能及的事情。所以，雙方相處得非常的融洽，並結成了好朋友。

當和同學的那位遠親建立起了無話不談的友誼後，對方不但經常把最新的證券行業發展的趨勢告訴艾迪，還為他引薦了一些重量級的證券從業人員。正是這些幫助，讓艾迪在大學畢業後便順利申請到了紐約一家知名證券公司的職位。而此時，艾迪的其他同學仍在辛苦忙碌地到處投遞履歷，為爭取一個普通的職位四處奔波。

有一句話我們非常熟悉，叫「千萬不要讓自己的孩子輸在了起跑點上」。其實，小孩子沒能贏在起跑點上，也許對這個小孩子的未來影響還不是很大，但對於一個成年人來說，如果能在大學剛畢業時就起點比同齡人高，而且還能跑得比同齡人快，那麼你就能比同齡人更早地成就一番事業。怎樣才能做到這一點呢？要靠他人提前拉你一把。這個拉你一把的人，就是你的貴人。這個貴人來自哪裡？正是來自於你的人脈圈裡。

第五章　人脈加成術：搭建屬於你的成功橋梁

有人脈幫助你，你的成功就能像坐電梯到摩天大廈的頂層一樣輕鬆；如果沒有人脈幫助你，僅靠你自己的努力，你的成功就像爬樓梯到摩天大廈的頂層一樣艱難。所以，請你馬上開始積極拓展自己的人脈。這樣，你的命運才能早一點產生逆轉，你的成功才能早一點到來。

怎樣才能更好地經營你的人脈，讓幫助你的人越來越多，並且更早地遇到自己的貴人呢？除了透過朋友介紹的方式，常見的做法是，學會與陌生人打交道，用最快最好的方式化陌生人為熟人。

每天，我們都會與很多陌生人擦肩而過。當你與一個陌生人擦肩而過時，有沒有想過，如果你能認識這個陌生人，其實就等於打通了一個陌生的人脈圈子？要知道，很多陌生人的背後，都存在著一個很大的人脈圈。而結交擁有高價值人脈圈的陌生人，更是一種拓展高價值人脈圈的快捷有效的方法。

怎樣與陌生人打交道，才能化陌生人為熟人，將其高價值的人脈圈化為己有呢？所謂陌生人，其中「陌生」二字，指的其實是兩個人的心理距離。人與人越陌生，心理距離越大。這種距離就像一堵冷牆，將人們隔開。如果你想跟一個陌生人成為摯交，首先必須學會推倒這堵又冷又硬的牆。其實，與陌生人打交道是一件讓人很激動的事情。你不妨回憶一下上一個陌生人主動與你交談時你內心的感受。是不是很激動？是的，無論主動認識別人還是被動與人相識，都讓人激動且開心。

美國前總統富蘭克林・羅斯福是結交陌生人、拓展人脈圈的高手。在還沒有當上總統時，有一次他去參加宴會。在宴會上，他看到了許多自己不認識的人，於是便想，如果能把這些陌生人都變成自己的朋友，那將是一筆多麼大的資源啊！

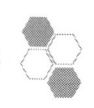

他略加思索，便想到了一個好辦法。首先，他找到了自己熟悉的記者，從他們那裡把自己想認識的人的姓名、情況打聽清楚，然後主動走上前去叫出他們的名字，一邊伸出手去，一邊談論起他們感興趣的事情。結果，利用這個方法，他認識了會場上的很多大人物。後來，他經常運用這個方法，為自己日後競選總統贏得了眾多有力支持者。

在當今這個時代，能迅速有效地與陌生人結識，已經成為我們必備的一個社會生存技能。有人說，成功者與不成功者的一個顯著區別，是成功者認識的高價值朋友比不成功者的要多得多。

成功者為什麼能認識那麼多高價值的朋友呢？因為他們非常樂於與陌生人打交道，而每一個陌生人背後都有一個全新的人脈圈，成功者認識的陌生人越多，連線到的全新的人脈圈越多，結果獲得的助力就越多，因此就能越早地成就自己的事業。所以，從現在開始，學會經營自己的人脈吧！越早經營人脈，高價值人脈就越多，事業發展的機會就越多，成功就會來得越早。

第五章　人脈加成術：搭建屬於你的成功橋梁

● 想成功，請先進入成功者的圈子

　　古語有云，近朱者赤，近墨者黑。一個人選擇了和什麼樣的朋友來往，就決定了自己將會擁有什麼樣的人生。如果你經常和勤奮的人在一起，你往往也會勤奮起來，因為你不好意思在勤奮的圈子裡成為唯一懶惰的人；如果你經常和積極的人在一起，你肯定不容易變得消極；如果你能夠與智者同行，你也會變得越來越有智慧；如果你整天讓自己生活在一個成功者的圈子，那麼你遲早也會成為一個成功者；如果你的好朋友都是億萬富翁，你也一定會成為億萬富翁。

　　一個人最大的不幸就是：身邊沒有積極進取之人，缺少遠見卓識之友，整日與庸碌無為之人廝混。長此以往，這個人也會變得碌碌無為，甚至自甘墮落。一個人最大的幸運則是，讓自己置身於優秀者的圈子裡，讓自己身邊的人都是積極上進的人。如果自己的朋友裡有很多都比自己優秀，那麼自己也一定會努力上進，希望趕上這些優秀朋友的步伐。可見，優秀的朋友是良伴，是好書，更是激勵我們不斷進步的好老師。

　　在讀高中期間，很多親人和同學都認為凱文的 EQ 不高，性格不好，脾氣太差。但凱文的父親並不這樣認為，他覺得凱文只是還不成熟，之後他上了大學，多接受一些大學環境的薰陶，這些肯定都會有所改觀。大家對此都持不以為然的態度。

　　當凱文考進了芝加哥大學後，在那裡他結識了很多好朋友，其中有一位朋友，成為他一生中最好的朋友，而正是這位年齡比凱文稍大的學長，成為凱文命運的指導老師。

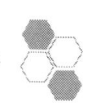

在大學裡，凱文成績還是很不錯的。但他的性格和脾氣剛開始並沒有什麼改觀，還是經常容易衝動、焦躁，有時甚至會不計後果地發洩自己的憤怒。而那位學長卻穩重成熟、頗有耐心。他一直照顧、指導、勸勉和鼓勵凱文這位暴躁的學弟。同時，他總是想方設法阻止凱文去結交那些會帶壞他的邪惡朋友，總是引導他積極進取、力爭上游。

在學長的督促之下，凱文的思想和學業都得到了很大的提升。在大學期間，他的成績一直名列前茅。後來，凱文還成為一名傳教士，給予很多人無私的幫助。

一個人身處的人脈圈子，決定了他人生最終的位置。總是與優秀的人交往，你也會變得優秀起來；總是與富人交往，你也會變得富有起來；總是與成功的人交往，你也會逐漸邁向成功！

對於年輕人來說，無論是在生活裡還是工作中，和誰在一起真的極其重要，因為你的朋友甚至可以改變你的成長軌跡，決定你的人生成敗。你走進了什麼樣的圈子，最終就會成為什麼樣的人。

古人說得非常對：「蓬生麻中，不扶而直；白沙在涅，與之俱黑。近賢則聰，近愚則瞶。」如果你身處庸碌者的圈子，你就會變成這樣的人：張口閉口是閒事，摸爬滾打賺薪資，眼前只有一線天。如果你身處創業者的圈子，你就會成為這樣的人：你來我往談專案，冥思苦想賺利潤，腦中想著下一年。如果你身處成功者的圈子，你就會成為這樣的人：相互推介創機會，愉快合作贏財富，放眼未來是正事。如果你置身於智慧人士的圈子，你遲早能笑看風雲論得失，霽月光風講奉獻，高情遠致自富足。

想優秀，請一定要和優秀的人來往；想成功，請先進入成功者的圈子。然而，我們發現有不少人總喜歡跟比自己差的人交往。雖然，這樣

第五章　人脈加成術：搭建屬於你的成功橋梁

能讓我們產生一種優越感，可是我們自身卻也因此得不到什麼成長與進步。

即使亞瑟‧華卡還只是個窮苦少年，他也沒放棄過出人頭地的想法。有一天，他在一本雜誌上看到了大企業家威廉‧亞斯達的故事，他很想知道得再詳細些，並希望能得到威廉‧亞斯達的指點甚至提攜。

於是，華卡去了紐約，也不管人家幾點鐘才開始辦公，早上7點就來到亞斯達的公司。在第二間辦公室裡，華卡一眼就認出了眼前這位濃眉大眼、身材健碩的男子就是亞斯達，這讓華卡興奮不已。但是，亞斯達卻覺得眼前的這個冒失少年有點令人討厭。不過，當聽到少年詢問他「我很想知道，怎樣才能賺到一百萬美元」時，他的臉上露出了笑容。接下來，兩個素未謀面的人竟然暢談了一個多小時。最後，亞斯達還告訴華卡應該如何去拜訪企業界的其他名人。

按照亞斯達的指點，華卡遍訪了紐約的一流企業家、報紙雜誌總編以及銀行家。他得到的在賺錢方面的忠告，也許並不見得多麼有效，但是能夠得到成功者們的知遇，這讓他信心倍增。從那時候起，他便用切實的行動，開始效仿那些人成功的做法。

當華卡20歲的時候，他已經擁有了一家自己的工廠；24歲時，他成了一家大型農業機械公司的總經理。當他如願以償地賺到一百萬美元時，離他向亞斯達請教時的時間，只過去了6年多。再後來，華卡成為美國一家大銀行的董事。

從他的回憶錄可以看到，華卡終其一生都始終實踐著他年輕時在紐約時學到的基本信條，這也是他成功的祕訣：「多結交成功的人，能改變一個人的命運。」

多與成功的人來往，其實就是一種機會。要知道，與成功者為伍，多結交優秀的人，與那些比自己聰明、經驗豐富的人來往，或多或少會令我們受到感染與鼓舞，從而促進我們主動要求成長與進步。另一方面，我們也可以透過他們開闊我們的視野，從他們的經歷中受益，透過他們的成功學到寶貴的經驗，透過他們的教訓得到難能可貴的啟發。

　　總之，如果你想成為聰明的人，就要和比你更聰明的人在一起，這樣你才會變得更加睿智；如果你想變得更加優秀，就要和比你更卓越的人在一起，這樣你才會更加出類拔萃；如果你想成為富有的人，就要和比你富有的人來往，這樣你才會發家致富；如果你渴望成功，就要和已經成功的人來往，向他們學習，這樣你能少走彎路，直達成功的彼岸。

第五章　人脈加成術：搭建屬於你的成功橋梁

● 公平交換，是經營人脈的首要法則

很多人都聽說過《教父》這部好萊塢經典電影。這部電影主要講述了以維托・唐・柯里昂為首的黑幫家族發展過程，以及維托・唐・柯里昂的小兒子麥可・柯里昂如何繼任父親，成為下一任「教父」的故事。

這部電影一開始，我們就能看到一個西裝革履的殯儀館老闆站在柯里昂面前，講述著自己的遭遇。原來，他的女兒被她新交的男朋友和另一個男人灌酒施暴。當他報警後，警察把那兩個混蛋抓了起來，最後起訴到了法庭，法庭判了那兩個混蛋有期徒刑三年，但卻是緩刑！

殯儀館老闆覺得判決結果很不公平，心裡很憋屈，便來到了這裡向柯里昂尋求幫助，希望柯里昂能為他主持公道。殯儀館老闆甚至大方地表示，無論柯里昂開價多少，他都願意掏錢，只要能讓那兩個混蛋得到應有的懲罰，他願意付出任何代價。

但令人意外的是，柯里昂拒絕了他的要求。為什麼會拒絕呢？原因在柯里昂的這段話裡：「我們相識多年，這是你第一次來找我幫忙。我都記不起來你上一次是什麼時候請我到你家去喝咖啡了，何況我太太還是你女兒的教母。我開門見山地跟你說吧，你從來都不想要我的友誼，卻又害怕欠我的人情！」

殯儀館老闆非常無奈地解釋道：「我怕捲入是非！」他只想過普通人的生活，如果自己與柯里昂家族深入來往，對自己全家來說，風險都太大。

當然，柯里昂也不是真的不為殯儀館老闆報仇。緊接著他就提出了自己真正想要的條件。只見柯里昂對殯儀館老闆說道：「我理解你，你在

美國發了財，生意做得很好，生活也過得很好。有法律保護你，你並不需要我這種朋友。但是，你現在來找我說，柯里昂閣下，請求你幫我主持公道。可是你對我卻一點尊重都沒有，你並不把我當成朋友，你甚至不願意喊我一聲『教父』。」

電影進展到這裡的時候，觀眾們恐怕已經明白，柯里昂並非拒絕為殯儀館老闆主持公道，而是他真正想要的東西，殯儀館老闆並沒有給他。事實上，柯里昂雖然是黑手黨，常常幹違法的勾當，但他同時也是許多弱小平民的守護神。對柯里昂來說，從那些弱小者身上，他最想要得到的並不是金錢，而是尊重與愛戴。而這其實也是柯里昂家族發展的根基，柯里昂是那些弱小平民的守護神，反過來，這些弱小的平民也是柯里昂的支持者。

殯儀館老闆後來還是向柯里昂表達了自己對他的友誼與尊重。他親吻了柯里昂的手，並恭敬地稱呼其為「教父」。最後，柯里昂說了這樣一句話：「將來，我或許需要你的幫忙，也可能不會有那麼一天。但在那一天到來之前，我先收下這份公道，來作為小女的結婚之禮。」那一天是柯里昂女兒結婚的日子。

當你想要某樣東西時，請你先學會付出。就像農民種地，必須先播種，付出辛勞去照料打理，最終才能收穫果實。與人交往也是如此，你希望別人給予你什麼，你就應該先付出什麼，而不是隨隨便便張開嘴就去向別人索取。

殯儀館老闆想要柯里昂為自己主持公道，就必須先付給柯里昂想要的東西：友誼與尊重。而柯里昂想要得到眾人的支持與愛戴，也需要付出。他的付出，就是要去捍衛這些人的「正義」與「公理」。在現實生活

第五章　人脈加成術：搭建屬於你的成功橋樑

中，很多人卻想不明白這一點，總在抱怨別人對自己不好，卻從不曾想過，自己又曾為別人做過什麼。

在經營人脈過程中，我們更要懂得「付出與索取」的辯證關係。事實上，想要建立和維護好你的人脈資源，想要讓你與他人之間的交往良性地發展下去，就必須講究「公平交換」。切記，公平交換，是經營人脈的首要法則。無論是物質上還是感情上，都需要做到「公平交換」。例如感情。如果你希望別人對你付出真情實感，那麼你也必須付出自己的真情實感。否則，再深厚的感情也會有枯竭的一天。又如利益。當你希望從他人手裡獲得利益時，你同樣也要給予對方相同價值的利益，要知道，沒有人真的甘願無條件吃虧一輩子。

在生活和工作中，往往會有這樣一種人，仗著自己對別人有點小恩小惠，就強迫別人不斷報恩。這種人，一旦為你做了一點點事情，就會天天掛在嘴邊，彷彿只要你稍微對不起他，你就成了忘恩負義、大奸大惡之徒似的。喜歡這樣做的人，哪怕給他人施予了再多的恩惠，最終也只會與受惠者反目成仇。究其原因，就是因為這種人不知道在人際交往過程中也需要「公平交換」。

無論在任何國家與地區，無論是什麼種族的人，施恩都是建立人際關係最直接也最有效的方法。在華人的觀念裡，恩情更是非常值得重視的，故而常有「恩重如山」、「滴水之恩當湧泉相報」等說法。但值得注意的是，說法歸說法，即使是「恩情」，也應講求一個「對等性」，總不能你的「滴水之恩」，當真要讓對方「湧泉相報」吧？

就像電影《教父》裡的柯里昂，他希望殯儀館老闆以尊重和友誼來換取這次幫助，因此他拒絕了殯儀館老闆起初打算給他的錢。換言之，如

果他接受了那筆錢，開出了一個價碼，那麼他就沒有資格再去索取其他東西，因為這個價碼和他所提供的幫助已經完成了一次「公平交換」。

　　總之，經營人脈資源過程中，一定要以「公平交換」為第一準則。當你受了別人的恩惠，或者別人獲得了你給予的恩惠，滴水之恩滴水來報即可，否則容易讓你辛辛苦苦經營起來的人脈資源流失掉。唯有建立在公平基礎上的人際關係才能越來越融洽，直至持續永存。

第五章　人脈加成術：搭建屬於你的成功橋梁

● 渴前挖井：晴天留人情，雨天好借傘

　　曾看過這樣一則寓言。有一天，黃蜂與鷓鴣都口渴了，便相約去找農夫要水喝，並許諾付給農夫豐厚的回報。鷓鴣向農夫保證，牠可以替葡萄樹鬆土，讓葡萄長得更好，結出更多的果實；黃蜂跟農夫說，牠可以看守葡萄園，一旦有人來偷葡萄，牠就用自己的毒針刺過去。但農夫對牠們的許諾都不感興趣，他只問了牠們一句：「在你們還沒有口渴的時候，怎麼沒想到要替我做事呢？」口不渴時，不知道替人做事；待到口渴了才想起人家來，人家又怎麼一定會給你水喝呢？

　　炎炎夏日，你口渴難耐，便趕緊去打開冰箱門，準備喝一瓶飲料解解暑。沒想到，你打開冰箱門才發現，裡面所有的飲料都已經被你和你的家人喝光了。更讓你鬱悶的是，連冰箱裡放的冰水也已經被喝光了。此刻，你無論是馬上去超市買水還是燒一壺水然後再把水冰鎮起來，都要花上很長一段時間。這時候你是否想過，如果自己在冰箱中的冰水將完未完時，就提前買好水或者燒好開水冰鎮在冰箱裡，那麼此刻口渴的你，已經能很愜意地喝著冰水了。

　　不知道你是否有過這種經歷？反正《臨渴掘井：人際網大贏家》（*Dig Your Well Before You're Thirsty*）這本書的作者哈維·麥凱就有過類似的經歷，並悟出了這樣一條道理：「有一天我可能會口渴，那時我就會需要一口井來打水喝，為了口渴的時候有水喝，現在我就要開始動手挖井了。」口渴之前先挖井，未雨之前先綢繆。在某件事情還沒有發生的時候就做好準備，這樣即使困難突然來襲、危機驟然而至時，我們也能成竹在胸，不慌不忙地從容應對。

渴前挖井：晴天留人情，雨天好借傘

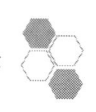

有這樣一個女子，人緣極好，大家都願意與她做朋友。因此她的朋友非常多，人脈資源非常豐富。當她有了困難需要解決時，有了事情需要別人幫忙時，不需要她開口去求，周圍的人就會主動上門提供幫助。她為什麼會有如此人緣？因為她一直以來都在用「渴前挖井」的思維來指導自己的人際交往，能做到隨時隨地主動幫助別人。她最常說的一句話是：「晴天留人情，雨天好借傘。」

還有這樣一個類似的故事，也值得我們思索一下。有個地方一位名叫張三的人，因為跟別人結了怨，所以非常煩惱。為了化解這段仇怨，他多次請本地的幾位德高望重的大人物出來調解。然而，每次調解都以失敗告終。

後來，他找到了外地的「交際通」李四來幫他化解這段仇怨。李四這位外地人很爽快就答應了張三的這個請求。李四答應了張三後，便馬上親自上門拜訪張三的「敵家」，做了大量的說服工作，最後終於化干戈為玉帛，令雙方和解。

按說，李四不負他人所託，解決了一個棘手難題，現在可以功成身退了。但李四是一位很懂得經營人脈資源的人，他並沒有將本地的那幾位德高望重的大人物拋在腦後。

李四將張三與「敵家」的矛盾化解了以後，還對張三的「敵家」語重心長地說：「我知道這件事有好幾位本地有名望的人士都參與過，可能出於某些原因事情並沒有解決。這次我有幸，其實還是多虧兄弟您賞面子，讓我了結了這件事。我在感謝您的同時，也在擔心。因為我終究是外地人，在本地人出面都不能解決這個問題的情況下，由我這個外地人來完成了和解，未免讓本地那些有名望的人感到有失顏面。」

第五章　人脈加成術：搭建屬於你的成功橋梁

　　他進一步說：「我看，我還得請您幫我一次忙。從表面上您要做到讓人以為我出面也沒能解決問題，等我一離開此地，本地的幾位名士過來，請您把面子給他們，算是他們完成的這一善舉吧，拜託！」

　　張三的「敵家」答應了。最終的局面是皆大歡喜的：張三與「敵家」和解了，本地那幾位德高望重的大人物的面子也找回來了。這位外地人李四還真是個處理關係經營人脈的高手，居然能把人際關係處理得如此恰當，把話說得如此滴水不漏。他這樣做，使得與這件事有關的人，事後都非常尊敬和佩服他。

　　這時有人可能會問，李四為什麼能化解掉張三和「敵家」的矛盾？原因就是李四有一位好朋友的「哥兒們」，跟張三的「敵家」關係非常要好。透過關係找關係，李四最終才得以解決掉這個難題。

　　為什麼李四能有如此強大的人脈關係資源呢？因為他一直都有「渴前挖井」的意識，只要有機會就會主動地幫助別人，就像這次幫助張三化解矛盾也一樣，本來與自己一點關係都沒有的事，他都願意幫忙。可見，李四很懂得「晴天留人情，雨天好借傘」的道理，所以總喜歡「渴前挖井」。

　　盡快培養「渴前挖井」的意識吧，在別人需要幫忙時，只要你能幫得上忙，無論你是否認識對方，都一定要盡力去幫；只要你認為對方未來也許能幫得上你，你就一定要想辦法去結交。要知道，「晴天留人情，雨天才好借傘」，提前「挖好井」對你總是很有好處的。

冷廟燒熱香，雪中多送炭

　　日本有這樣一個人，和當時日本政界的所有高官都認識，甚至和其中的大部分人很熟悉，關係非常好。但這個人並不是政界人物，而只是一位商人。他能夠和那麼多高官成為好朋友，自然令很多人既羨慕又好奇。經常會有人問他這樣的問題：「您為什麼會有這麼大的本事，能有如此多的高官朋友？」

　　每次聽到有人問自己這樣的問題時，這個人都會先哈哈大笑，然後才回答道：「如果我現在才去結識這些高官，我不可能攀得上那麼多的大人物！我之所以能結交到這些大人物，是因為在他們還沒有發跡甚至當官之前，我就已經認識他們了。那時候，他們都還默默無聞，同時他們也需要結交朋友，所以我和他們建立朋友關係就非常容易。另外，從那時候起我就一直都跟這些人保持著非常好的聯絡，所以才會有現在這麼熟悉的。」

　　一個人一旦成為高官或者頂級人物，普通人想接觸到他們都難，更別說想和他們做好朋友了。況且這時候的他們心裡也很清楚，此時與他們結交的人，大都是有目的而來的，他們自然也會有所戒備。只有在他們還默默無聞甚至潦倒落魄時，你去和他做朋友，給予他關心和幫助，他才會真心和你做好朋友，甚至一輩子都把你當成好朋友。

　　這啟示我們，在經營人脈資源時，我們一定要懂得多往冷廟燒熱香，多做一些雪中送炭的事。人在落魄的時候，最需要別人的幫助；人在默默無聞的時候，最需要有人關心。在一個後來成為大人物的人還沒有成功之前，就屬於冷廟裡的菩薩，太現實的人是不會去替他們「燒香」

第五章　人脈加成術：搭建屬於你的成功橋梁

的。但另一方面，誰要是經常為他們這種「冷廟裡的菩薩」多「燒點熱香」，他們必定會銘記於心，待到他們有能力了，就一定會對你加倍報恩的。

在中國歷史上，最懂得「冷廟燒熱香，雪中多送炭」的人，應該是戰國末期衛國的大商人呂不韋。呂不韋年輕時經常在東周列國做生意。有一天，他在趙國的都城邯鄲遇到了被作為人質留在趙國的秦國王子異人。異人是秦昭襄王的太子安國君的兒子。安國君有20多個兒子，但都由一些姬妾所生。異人之母叫夏姬，很早就去世了。所以，秦趙兩國互換人質時，異人才會被送到趙國。

但那段時期，秦國經常攻打趙國，所以趙王就經常把怒火發洩到異人身上。趙王不但經常想著法子地折磨異人，還把他軟禁到叢臺之上，由趙國大夫公孫乾負責晝夜監守。於是，可憐的異人，雖然是王子，卻要過著無酒無肉無女人的生活。當呂不韋知道了這些情況後，立刻意識到對他來說這是一個千載難逢的好機會。他先是用重金收買了公孫乾，然後又結識了異人。逐漸地，呂不韋和異人還成為好朋友。

有一天，呂不韋悄悄為異人分析了他當下的處境。呂不韋說，異人的爺爺秦昭襄王已然年邁，他的父親安國君是太子，遲早會當上秦王。他父親接班成為秦王是板上釘釘的事。但他想將來接班他父親成為秦王，難度非常大，機會很渺茫。因為他有20多位兄弟，他還排行中間，既不受當今秦王的寵幸，又長期被留在諸侯國當人質，想從那麼多的兄弟裡爭到太子之位，幾乎是不可能的。

異人聽完呂不韋的分析後，長嘆了一口氣說，你說的這些情況我都知道，但我能怎麼辦呢？

呂不韋又為異人分析道，現在唯一對異人有利的是，安國君最寵愛的是華陽夫人，而華陽夫人並沒有兒子。異人只需要想方法打動華陽夫人，然後讓她認異人為乾兒子，以後等安國君順利接班成為秦王時，異人就能被立為太子了。

異人聽完後大喜，但很快又消極地說，自己現在什麼東西都沒有，怎樣才能讓華陽夫人認自己為乾兒子呢？

呂不韋馬上答應異人說，自己願意拿出千金來為異人西去秦國遊說安國君和華陽夫人，讓華陽夫人認你為兒子。異人一聽大為感動，馬上叩頭拜謝道：「如果您的計畫能實現，我願意與您共享秦國的土地！」於是，呂不韋拿出五百兩黃金送給異人，作為他日常生活和交結朋友的開支。然後，他又拿出五百兩黃金買了一批珍奇玩物，自己帶著前去秦國遊說華陽夫人。

到了秦國後，呂不韋先去拜見了華陽夫人的姐姐，以及華陽夫人的弟弟陽泉君，並送了很多好東西給他們。然後，呂不韋透過他們又送了很多好東西給華陽夫人，順便說異人是如何的聰明賢能，他所結交的諸侯賓客則遍及天下。又說異人因為母親死得早，所以特別思念父親安國君和華陽夫人。華陽夫人聽了之後非常高興。

呂不韋趁機讓華陽夫人的姐姐對華陽夫人說：「用美色來侍奉別人的，一旦年老色衰，寵愛也就隨之減少。現在您沒有兒子，就要趁得寵時，找一個可以依靠的人認作兒子並立他為繼承人。這樣丈夫在世時能受到寵愛，丈夫去世後，自己立的兒子繼位為王，您最終也不會失勢。現在異人賢能孝順，要是能提拔他為繼承人，那麼您一生都可以受到尊崇了。」

第五章　人脈加成術：搭建屬於你的成功橋梁

　　華陽夫人對姐姐的這一番話非常認同。於是，她找了一個合適的時機，委婉地對安國君談到在趙國做人質的異人非常有才能，來往的人都稱讚他，接著還哭著說：「我現在沒有兒子，希望能立異人為繼承人，以便我日後能有個依靠。」安國君答應了華陽夫人的請求。

　　西元前 257 年，秦國大將王齕圍攻邯鄲，趙王大怒，想要殺死異人。異人和呂不韋聞訊馬上祕密逃到了秦軍大營，然後順利回到了秦國。六年後，秦昭襄王去世，太子安國君繼位為王，史稱秦孝文王，華陽夫人為王后，異人為太子。

　　一年後，秦孝文王突發疾病去世，太子異人繼位，史稱秦莊襄王。莊襄王尊奉華陽夫人為華陽太后，並任命呂不韋為丞相。三年後，秦莊襄王異人也去世了，呂不韋於是扶持異人的大兒子嬴政即位。嬴政就是後來的秦始皇。但嬴政登基時只有 13 歲，所以朝政由呂不韋把持。這段時期，呂不韋的權勢達到了頂峰。

　　為什麼呂不韋能從一名商人，最後成為權傾朝野的政壇大人物呢？因為呂不韋選對了冷廟燒對了熱香！在這個流傳千古的「奇貨可居」的故事裡，呂不韋最成功之處有兩點：第一點，他在異人落魄的時候，發現了異人奇貨可居的價值；第二點，在華陽夫人最得寵時，他點明了她盛景下的危機，使她最終同意選異人做她的兒子。

　　從人脈經營與投資角度來看，多向冷廟燒熱香，是最有效的投資。同樣是一炷香，香火旺的廟裡因為燒香的人太多，你去了也不過是眾多香客之一，顯不出誠意，神仙對你也不會有特別的好感。而到了香火冷的廟裡就不一樣了，這裡平時門庭冷落，如果你很虔誠地去了，神仙當然對你特別在意，日後你有事自然會特別照應。

如果你想更好地經營自己的人脈資源，就一定要懂得「多向冷廟燒熱香」和「雪中多送炭」。為此，你不妨從現在開始，多注意一下周圍的人，看看有沒有值得自己燒熱香的「冷廟」，有沒有值得你雪中送炭的人。如果有，請你千萬不要錯過他們！

第五章　人脈加成術：搭建屬於你的成功橋梁

● 謹慎擇友，別讓壞朋友害了你

《伊索寓言》裡有這樣一個故事：有一隻常年住在某富人床鋪上的蝨子，吸血的動作非常緩慢而輕柔，所以富人一直都沒有發現牠。有一天，蝨子的好朋友跳蚤前來拜訪。蝨子熱情地招待了跳蚤，還主動向跳蚤介紹說：「這個富人的血是香甜的，床鋪是柔軟的，今晚你一定要飽餐一頓！」跳蚤聽得直流口水，恨不得天馬上黑下來，好讓富人回來睡覺，這樣自己就可以喝到香甜的血了。

晚上，當富人睡熟之後，早已迫不及待的跳蚤立即跳到了他身上，狠狠地叮了一口。富人痛得大叫一聲，然後從夢鄉裡醒了過來，憤怒地令人搜查。伶俐的跳蚤一下子就蹦走了，不會跳躍的蝨子只好成了跳蚤這位不速之客的代罪羔羊，身死人手。臨死前，牠還搞不清楚引起這場災禍的根源是什麼。

這個寓言告訴我們，萬一擇友不慎，我們很容易成為無辜受難的「蝨子」。因此，在選擇朋友時一定要有自己的準則和底線，要盡可能選那些讓你進步、對你有益的朋友，盡可能與那些熱情樂觀、積極進取、品格高尚的人交往。假如我們不慎交上了壞朋友，就應採取敬而遠之的態度，絕不能讓自己成為一隻無辜受到連累的「蝨子」。

雪兒是某家化妝品公司的業務員。由於業績突出，與上司李姐的關係也非常好，所以在公司裡過得很舒心。然而，她的這種舒心日子很快就被新來的業務員小美給擾亂了。小美嘴很甜，逢人只說好話，還處處討好雪兒。於是，雪兒很快就和她成為好朋友，非常信任她，甚至自己非常重要的客戶資料也讓小美隨意翻看。

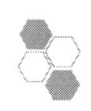

有一次，雪兒在工作中出現了一個失誤，李姐便對她進行了一番嚴厲的斥責。雪兒出了門，便怒氣沖沖地約小美一起去逛街。小美為了逗雪兒開心，便把李姐大罵了一通，還把李姐叫做「變態女人」，雪兒也跟著罵了幾句。

然而，過了一段時間，雪兒發現自己的許多重要客戶都不再跟自己聯絡了，便跑去調查。結果令雪兒震驚了，原來，自己的客戶居然都轉到了小美手裡。雪兒生氣地去找李姐告狀，沒想到李姐卻冷淡地對她說：「工作做不好也別只想著去抱怨別人啊！還有，以後有什麼意見請當面跟我講，犯不著背後罵人！」

聽到了李姐的訓斥，雪兒只好垂頭喪氣地走出了辦公室。她想，這只能怨自己有眼無珠，把一個表面一套、背後一套的人認作了朋友，甚至還引為知己。三天後，雪兒主動辭職，離開了這家公司。

雪兒為什麼要離開這家公司？因為她要主動遠離那位心術不正、背後使壞的小美。這告訴了我們，結交朋友時，一定要帶眼識人。切記，害人之心不可有，防人之心不可無。一個人如果把世界想得太美好，相信「天下無賊」，一定會在現實裡跌得頭破血流。「人無害虎心，虎有傷人意」，所以我們在堂堂正正做人的同時，還要多點防人之心。

小軍是一位非常有上進心的年輕人，自從進入公司的行銷部工作後，就一直非常努力，還創造出不少佳績。最近，公司新來了一位的總經理，向董事會提出了人事改革方面的建議，並將他新官上任的第一把火燒到了行銷部頭上。很快，行銷部從部長主管到員工，全都換成了新總經理的嫡系部隊。最後，小軍被調到調查研究部，成為一名分析員。

對於這一分配，小軍怎麼想也想不通，因為無論從工作態度還是業

第五章　人脈加成術：搭建屬於你的成功橋梁

務能力上看，自己都不差啊。以前曾共過事的現任副總經理當時還私下裡跟小軍說過，要提拔小軍當他的副手呢。可是現在到底怎麼了？自己究竟得罪誰了？讓他做夢也想不到的是，做出這個決定的正是他一直深信不疑的那位副總經理。而這位副總經理之所以把小軍分配得遠遠的，是因為小軍知道他太多底細了，如果繼續把小軍留在身邊，不容易為自己樹立威信。

當然，小軍在職場裡的時間還不是很長，所以還沒有見識過各式各樣的人。其實在職場裡，並不是所有的上司都能明辨是非、公私分明，不可能任何時候都包容你；也不要指望老闆都是教育家，在你陷入困惑時會對你諄諄教導。很多時候，你要做的不是怨天尤人，而是適時亮出自己的絕技，讓上司、老闆對你刮目相看。

另外，還要注意方式方法，不要對上司造成太大的威脅。有的老闆在沒有發跡或有困難的時候，善用情感來籠絡人心，可是一旦度過了難關，便會把知道他底細的人找藉口開除掉或者「發配」得遠遠的。所以，你若不懂得加以防範又怎麼行呢？

生活在這個世界上，我們必須與各式各樣的人打交道，一定會與許多說不清的風險相遇。如果缺乏對自己負責的態度，和對內外風險的防範之心，就可能會造成自己在生命、財產、情感、事業等多方面的損失。如何保護自己，讓自己的生命、事業等都得到必要的保證，這都是我們必須要重視起來並做好的事情。

我們反覆讓大家記住的「害人之心不可有，防人之心不可無」這句話，其實就充分地說明了對待他人的辯證關係：一方面，對待別人，不應該存有傷害之心；另一方面，當對別人沒有足夠了解時，需對他人有

所防備,防備他人存有坑害我們的心。

　　「防人」,就是採取必要的防衛手段,讓他人無法加害我們。這包括兩層意思:一是防患於未然,預先覺察到潛在的危險,並採取相應的防範措施;二是一旦發現自己處於危險境地,就及時離開。總之,做人,要懂得保護自己。我們堅決不當惡人,不去害別人;但同時,我們也別被惡人傷害到,絕不成為惡人的犧牲品。

第五章 人脈加成術：搭建屬於你的成功橋梁

第六章
利他為本：
打造可持續的雙贏團隊

第六章　利他為本：打造可持續的雙贏團隊

● 只利己不利他，容易成為「孤家寡人」

康書和潘迪是在馬路上認識的。康書至今還記得自己大學快要畢業時，每天為了找一份滿意的工作而奔波勞碌的辛苦。有一天，他又出去找工作。走著走著，他感覺很累，便在路邊休息。這時，潘迪出現了。他看到康書手裡拿著求職履歷，便問道，同學，你正在找工作啊？康書說，是的。然後兩個人便聊了起來，還聊得非常投緣。臨分別時，兩個人還互相交換了手機號碼。

在前途有點迷茫的時候，有人主動跟自己聊天，康書感覺這是一件值得快樂的事情。雖然當時潘迪跟自己一樣，都沒有正式的工作。不過，一個星期以後，康書便在某報社找到了一份編輯工作。

從那天開始，康書和潘迪一直都在電話裡聯絡著。對於這段「偶遇式」的友誼，康書還是看得很重的。然而，後來兩人之間卻出現了越來越大的矛盾與裂痕，原因是潘迪經常打電話到報社找康書，讓康書幫他去做一些事情。

剛開始時，對於潘迪的每一次求助，康書幫忙了。但是，潘迪總是隔三岔五地找康書辦事、借錢，康書實在有些招抵不上了。於是，在潘迪無限制的「索取」之下，康書無奈地放棄了這段友誼。

站在旁觀者的角度，康書無奈地與潘迪絕交，說明了潘迪為人處世有非常大的問題。這兩個人從相交、相知到絕交，全都是潘迪的錯。正是潘迪只利己不利他、一味索取從不付出的極度自私的行為，讓兩人的這段友誼迅速終結。

只索取不給予，只利己不利他，這樣的人很容易招人討厭，沒有人

只利己不利他，容易成為「孤家寡人」

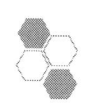

願意和這樣的人打交道，最後這樣的人一定會成為「孤家寡人」而且沒有一個人願意和他做朋友。

我們都知道，在當今這個社會，如果一個人變成了「孤家寡人」，長此以往，很可能會寸步難行，更別說想做成一件什麼事了。所以，千萬別讓自己淪為只知利己不懂利他、只知索取不肯付出的人。

不想成為只知索取不懂給予的人，首先要學會獨善其身，盡量不給他人添麻煩。換言之，遇到什麼困難與麻煩時，先自己努力想辦法解決，而不是動不動就去找他人幫助。一定要把藉助人脈資源這個方法用在迫不得已的時候，用在刀口上，用在關鍵時刻。

學會獨善其身，其實也是幫助我們邁向成功的一種方法。只可惜，社會上有很多人都愛給別人添麻煩。他們甚至在遇到了稍為大一點的困難時，就要去麻煩別人來幫忙解決，結果就養成了依賴別人的習慣。雖然偶爾讓親人、朋友幫助自己也無可厚非，但如果你總是讓人家幫助你，而你卻很少甚至從來都不幫助對方，時間一長，親人、朋友都會疏遠你。

在經營人脈資源的時候，我們要學會換位思考，在考慮自己時，也盡量考慮一下別人，在利己的時候千萬不要損害別人。當然，如果能既利己又利他，那是最好不過。在生活和工作中，如果你能夠做到利他，經常做到「思利及人」，也就是在保證自己的利益時，也能保證他人的利益，那麼願意和你合作的人會越來越多。如果你從來不「利他」只「利己」，做不到「思利及人」，那麼願意和你合作的人會越來越少，甚至願意和你來往的人都會越來越少。

無論是生活裡還是工作中，我們都要學會換位思考，看看如果對

第六章　利他為本：打造可持續的雙贏團隊

方也做了你這樣的事，你會有什麼樣的想法和反應。常言道，「事多故人離」。一個人如果沒有意識到自己正扮演著「索取者」的角色，反而把自己的每一次「交換」都變成了「不公平交換」，最終很可能使交換落空——因為誰都不喜歡「不公平交換」。

一旦你發現自己扮演的是「索取者」的角色時，一定要及時改錯。如果你不想讓周圍的人討厭你，就盡可能地不去麻煩別人，努力使自己成為一個獨善其身的人。之後，你會發現自己也可以做成許多事情而不必要去依靠別人。長此以往，你將驚喜地看到，自己的事業發展得越來越順利，人脈資源也越來越多。

在人與人的交往過程中，一個人只知道一味地向別人「索取」，這樣的人肯定很快就不會有朋友了。除了這種人外，還有一種人也容易沒有真正的朋友，那就是身上沒有什麼「可被利用的價值」的人。人際交往的首要原則，就是公平交換。如果你什麼忙都幫不了別人，就相當於沒有任何「可被利用的價值」，那麼，很可能誰也不願意和你做朋友。只有你身上的「可被利用的價值」越大，越能「利他」，願意和你做朋友的人才會越多，同時，願意幫助你，為你提供你特別需要的資源的人才會越多。

阿勇在剛開始從事高階產品銷售時，業績做得很不好。因為他一是沒有什麼人脈資源，二缺乏拓展人脈資源的有效經驗。剛開始時，阿勇能想到的人脈資源就是自己過去的中學、大學同學。所以，他只好求助於他們。於是，他經常打電話給這些同學，向他們訴說自己的苦惱，希望他們幫助自己。

但他很快就發現，他的這些老同學雖然都真心實意地想幫他忙，只

只利己不利他，容易成為「孤家寡人」

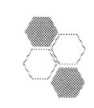

是他們也跟阿勇一樣，要人脈沒有人脈，要金錢沒有金錢，心裡是很想幫助阿勇，卻又都心有餘而力不足，所以除了給他安慰和鼓勵外，還真的產生不了什麼實際作用。

萬般無奈之下，阿勇想到了一個大膽的做法：學打高爾夫球，並藉機結識那些高階人士。於是，他不惜花費自己微薄的薪資，去參加匯聚了大量高階人士的高爾夫球俱樂部。因為他發現，自己的客戶應當是處在中高檔生活層次的人士，而自己平時接觸的人大多都是基層普通人士，所以必須改變自己的人脈層次。

開始落實「高爾夫策略」後，他的辦公場所實際上就相當於轉移到了高爾夫球場。很快，他透過這一做法，結識了不少成功人士，他的銷售業績也逐漸好轉了起來。

這時候，他還發現了一個有趣的現象：有些成功人士居然開始主動來找他了！當然，這些人士找他也是因為有求於他。主要目標有兩個，其一是想透過他來認識另一個阿勇很熟悉的成功人士；其二是要委託阿勇幫助自己去辦一件什麼事情。

對於每一個主動來找自己幫忙的人，阿勇都會想方設法幫助對方做到。所以，阿勇的人脈品質、層次越來越高，關鍵是，他的銷售業績越來越好！其實說到底，阿勇和這些人都是一種既利己又利他的雙贏關係，互相之間都有對方想要的東西，都能互相借得到力，所以關係就越來越牢固。可見，只利己不利他的人，很容易成為「孤家寡人」；既利己又利他的人，很容易和他人雙贏，既不斷成就自己，又幫助別人取得了成功，皆大歡喜。

第六章　利他為本：打造可持續的雙贏團隊

● 待人如己：為別人著想就是為自己著想

　　相傳，有個人一輩子都在積德行善，做了很多好事，在壽命將盡之時，上帝出現在了他面前，說他有足夠的資格上天堂，現在就請跟著自己一起去天堂。沒想到，這個人向上帝提出了一個請求。原來，這個人希望去參觀一下天堂與地獄，以便做出比較，從而最終選擇自己的歸宿。

　　上帝首先帶著他來到了魔鬼掌管的地獄。看到地獄的景象，他大吃一驚，簡直不敢相信自己的眼睛。原來，他看到了地獄裡這樣的一幕：只見所有人都坐在酒桌旁，桌上擺滿了各色美味佳餚，包括肉類、水果、蔬菜等。

　　但很快他就發現，這裡竟然沒有一張笑臉。坐在桌子旁邊的人看起來都悶悶不樂，無精打采，且瘦得只剩皮包骨。原來，每個人左臂上都捆著一把叉，右臂上都捆著一把刀，刀叉都有一公尺多長的把手，使人們不能用它來幫助自己進食。所以，即使面前的餐桌上每一樣食物都有，且就在手邊，但每個人也還是吃不到，只能一直在挨餓。

　　接著，上帝帶他來到了天堂。沒想到，他在天堂裡看到的景象居然跟地獄裡看到的完全一樣：同樣的食物、刀、叉和那一公尺多長的把手。然而，天堂裡的居民卻都在唱歌、歡笑，每個人滿面春風，神采飛揚。他覺得很奇怪，為什麼情況相同，結果卻會如此不同？為什麼地獄裡的人都在挨餓且可憐兮兮的，而天堂裡的人卻酒足飯飽而且很快樂呢？

　　當他走近去後，馬上就找到了答案。原來，地獄裡的每個人都是試圖自己餵自己吃東西，可是一刀一叉，以及一公尺多長的把手是根本不

待人如己：為別人著想就是為自己著想

可能允許他們把食物送到自己嘴裡的。而在天堂裡，每個人都主動地餵對面的人吃東西，同時也津津有味地吃著對面的人餵給自己的食物。主動餵別人食物，結果自己也能吃到豐盛的佳餚；主動去幫助別人，結果也是在幫助自己。

在現實生活中其實經常可以遇到「幫助別人其實就是在幫助自己，為別人著想就是為自己著想」這樣的事情。這樣的故事最後都會啟示我們，利他就是利己，甚至透過利他，自己會收穫更多的利。所以，我們要養成一種「待人如己」的意識與思維習慣。待人如己，就是「利他就是利己，助人就是助己」這句話意思的「濃縮」。

有很多真實的故事可以幫助我們理解何謂「待人如己」，例如這個故事。據說，經常在沙漠裡行走的人都知道，在沙漠裡很容易就會遇上風暴。為了在風暴過後不迷失方向，人們往往會自發地在自己行走的途中插上一截木頭，並約定無論在什麼情況下都要拔一拔那截木頭，以免風暴把木條吹掉了，回來時找不到路線。

有一天，南斯和拉爾森結伴經過沙漠。走到半途時，他們遇到了風暴，被吹得東倒西歪。但是，南斯仍然要拔一拔那截木頭。拉爾森勸他不要浪費時間，但他卻說：「我拔一拔，後面的人就能認得清路！」風暴過後，兩人驚奇地發現，小木頭正在為他們指明一條道路，而這條路可以幫助他們順利地走出沙漠。

南斯在風暴之中做出了正確的選擇——無論風暴再大，也堅持拔一拔沿途的木頭。結果他在間接幫助別人的時候，也拯救了自己。如果他真的如拉爾森所說的那樣去做，為了節省時間，快一點離開，而不拔一拔那些木頭，後果會怎麼樣呢？也許他們還是能走出沙漠，但後面的人

第六章　利他為本：打造可持續的雙贏團隊

卻都會命斷沙漠。還有一種可能是，他們再也走不出這個沙漠了。

可見，助人就是助己，利他就是利己。你幫助的人越多，你得到的也會越多。反之，刻薄對待他人就是刻薄對待自己，損害他人利益就是在損害自己的利益。為了得到更多的助力，換來更多的人脈資源，我們一定要懂得「助人就是助己，利他就是利己」的道理，無論在生活還是工作中，都積極主動地幫助那些需要幫助的人。很多時候，也許你在幫助別人時，從來沒有想過回報，然而當你總是在幫助別人時，你的回報將不請自來。

曾有媒體報導說，國外有個叫伊金明的人，從上大學二年級開始，就當起了「義務獵頭」。從大二到大四的三年間，他聯絡過幾十家企業，為400多名大學生介紹過工作，而這一切服務都是免費的。他為什麼要這樣做呢？伊金明解釋說，有兩個原因，第一個是希望在大學期間廣交朋友，同時鍛鍊自己的人際溝通能力；第二個是，為畢業後自己創業打下堅實的人脈資源的基礎。

為此，在進入大學二年級後，他就開始熱衷於幫助同學們介紹兼職了。那時候的他發現，很多同學想打工卻找不到兼職，而企業要招兼職也總是招不到人。於是，他開始嘗試在雙方之間做溝通，搭橋梁。透過一番努力，伊金明終於成功地幫助一家企業與幾個想兼職的學生達成了兼職協議。有了第一次的成功，就會有第二次、第三次……到大學四年級時，他已經幫助幾十家企業與幾百名學生合作成功。

從大學二年級到四年級的兩年多時間裡，他大概為400多名大學生介紹過兼職。為了替同學們介紹兼職，他有時候一天的手機通話費就要花掉200多元。對此，他倒是很看得開：「企業與同學我兩邊都不收

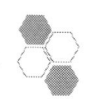

錢,還好我平時也在幫企業做一些專案,就用這個來貼補電話費的損失了。」

到了大學四年級的時候,他更是每週的一大半時間都會花在為同學們介紹兼職這件事情上,兼職的專案主要有派送、促銷、祕書、展會等,服務對象從市區大學到郊區大學,從大專生到研究生甚至留學生。

儘管他從不拿「好處費」,但實際上收穫也不少。用他的話來總結他的收穫就是:「比如在企業和兼職大學生之間做溝通工作,就是一個很大的鍛鍊。而這讓我學會了很多人際溝通的技巧。」

除此之外,他也在為自己日後的創業做著越來越充分的準備。「我畢業後想自己開一家會展公司,幫企業策劃會展宣傳,並從校園裡應徵兼職大學生,因為這些人脈資源都是現成的。」伊金明說。果然,那些他幫助介紹過工作的同學都紛紛表示,如果伊金明開公司需要招人,自己一定會第一個去報名。

如今,伊金明的會展公司已經創辦起來了,且經營得紅紅火火。為什麼他的創業會比很多人順利呢?因為有一批企業和人才願意主動地幫助他。而這些企業和人才,都是他大學期間當「義務獵頭」時結識下來的,是他一輩子都可以藉助的人脈資源。

事情往往就是這樣,你為別人著想,別人就會為你著想;你重視別人的利益,別人就會重視你的利益。如果你也想在未來做出一番大事業,就請從現在開始,累積各種以後一定會用到的資源。這些資源裡,最關鍵的就是人脈資源。人脈資源怎麼樣才能最有效地累積起來?靠的就是「待人如己,思利及人」!

鄭板橋說過:「為人處,即是為己處。」翻譯成白話文就是:「為別

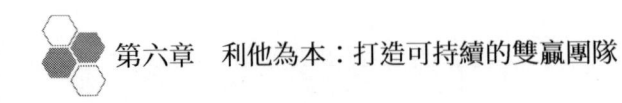

第六章　利他為本：打造可持續的雙贏團隊

人著想，就是為自己著想。」你經常為別人著想嗎？如果是的，那麼你未來一定能成就一番事業，因為你會有越來越多的助力與可以供你利用的資源；如果不是，那麼請你現在就開始改變自己。

思利及人：懂得分享利益的人處處有助力

唐代大書法家顏真卿在《爭坐位帖》中有這樣的名句：「修身豈為名傳世，作事唯思利及人。」其中「思利及人」足以作為我們經營人脈資源的關鍵原則。「思利及人」的意思是：人總是希望為自己爭取利益，然而利益的獲得是有條件的，當一個人給別人帶來好處的時候，他自己也能得到利益。越是懂得「思利及人」並在經營事業過程中切切實實地做到，越能把事業迅速地做起來，並且做強做大。

香港恆基集團主席李兆基是「香港十大億萬富豪」之一，財富一度僅次於「華人首富」李嘉誠。縱觀他的成功史我們發現，他之所以能成為億萬富豪，與他非常善於經營與借力有著重要的關係。同時他也是非常懂得並總能做到「思利及人」的一個人。

1988年的一天，恆基集團建築部經理向老闆李兆基匯報說，承接恆基集團一項工程的承包商要求他們補發一筆酬金，但遭到了建築部的拒絕。

李兆基便問經理，為什麼那個承包商會出爾反爾，肯定有他的原因吧？建築部經理回答說，是的，對方說他們當初落標時計算錯了數字，結果到現在要結帳了，他們才發現自己做了一單虧本的生意。

這次承包合作是簽了合約的，有法律保障，所以恆基集團大可不必對此進行處理。但李兆基卻認為，現在香港經濟發展勢頭很不錯，大家都賺到了錢，唯獨他吃了虧，也是滿可憐的。法律不外乎人情，承包商是我們的長期合作夥伴，反正這個地產專案我們已經賺到了錢，就補回那筆錢給他吧，皆大歡喜豈不是更好？

第六章　利他為本：打造可持續的雙贏團隊

李兆基的這一做法，就是典型的思利及人。事實上，所有能夠白手起家最終成為超級億萬富豪的人，往往都是懂得思利及人、樂於分享的人。李兆基是典型的代表。凡是與李兆基合作過的人都會對他樹起大拇指，稱讚他是一個非常難得的合作夥伴；凡是在李兆基底下工作過的人都對他讚不絕口，認為他是最照顧員工利益的好老闆。

為了能讓同事們精誠合作，李兆基總是提供給幾位得力助手一些機會，讓他們注股於一些十拿九穩的房地產專案上，讓他們能賺到比薪水多數倍的利潤。想辦法讓同事們分享到業務的盈利，感受到做生意的樂趣，從而極大地提升團隊的士氣與戰鬥力，這是李兆基的一貫做法。

有一次，李兆基拿出某房地產專案15%的股權來讓自己身邊5位工作特別賣力的好下屬參與進來，成為股東。結果，其中有一個人沒有那麼多錢，只好把股份放棄掉了2%，參與了自己力所能及的1%。

李兆基知道了這件事，在了解了原委之後，便對他說：「我有機會賺1萬元，就希望你們都能賺到100元。這樣吧，我從我在這個房地產專案裡所占的股份裡劃出2%送給你，股本暫時算是你欠我的，將來賺到了錢，你再償還給我吧！」

就這樣，在這個專案上，大家都賺到了錢，而且都賺到了一樣多的錢。對於李兆基來說，這其實也是一種本小利大的做法，因為他付出一點點錢，卻贏來了團隊的一團和氣，皆大歡喜，從而讓大家愉快地合作，工作都特別賣力，最終的績效非常喜人。

事實上，對於公司裡的下屬，李兆基總能善用人情，巧妙關懷，扶危濟急，從而贏得了員工們的一片忠心和無限感激，進而幫助他的企業越辦越好，令他的事業蒸蒸日上。所以，他後來能成為香港名列前茅的

超級富豪。

無數事實證明，不懂得分享利益，總想著占別人便宜的人，永遠也做不成事業。相反，能思利及人，懂得和他人分享的人，事業會越做越大，財富將越來越多。

你有一顆蘋果，分享半顆給別人，對方一顆雪梨，分享半顆給你，結果你們既能吃到蘋果又能吃到雪梨；你有一種全新的思想，對方也有一種全新的思想，雙方一交流，每個人就都擁有了兩種全新的思想；你有一份人脈資源，他也有一份人脈資源，你和他相互分享，結果就各自都擁有了兩份人脈資源。

對於前兩種分享，相信絕大多數人都願意去做。但分享自己手中的人脈資源，也許有些人就不願意了。因為對於有些行業來說，人脈資源代表著實實在在的利益，關係著業務的成敗。有些人習慣於保守自己的人脈資源，生怕會被別人搶走。這種情況在業務行業尤為常見。因為對業務員來說，一旦客戶資源被人搶走，自己的業績將受到極大的影響。難道就不能透過分享雙方的人脈資源，來共同發展嗎？有些人認為不太可能。但也有人透過「思利及人」，主動與同行互相交換人脈資源，最終成為銷售冠軍。

曾被美國媒體稱為「國際業務界的傳奇冠軍」、「金氏世界紀錄房地產銷售最高紀錄的保持者」的世界頂級銷售大師湯姆・霍普金斯，在其出版的著作中，就不止一次地建議過業務員，一定要與同行、自己的團隊互相交換人脈資源。

他是這樣寫的：「要選擇一些能幹的業務員和你做交換。交換包括兩個內容，一是交換客戶名單，二是相互介紹顧客。」

第六章　利他為本：打造可持續的雙贏團隊

　　當你願意與他人分享人脈資源時，大家就都能看到你願意付出的態度，然後就會覺得你是一個願意思利及人的人，所以都會願意與你做朋友。而當你願意與他人分享你的資源時，你的資源也會迅速增多。

　　分享人脈資源，本質上就是在分享利益。習慣於分享利益的人，總能處處有助力。相互交換人脈資源，其實並不是單方面的付出，而是互相付出，互相收穫。正如前面說的，你分享你的人脈資源給我，我分享我的人脈資源給你，我們就都擁有了兩份人脈資源。站在利益的角度，就是我們都擁有了兩份利益。

　　在我們的生活和工作中，除了人脈資源，還有很多方面可以「思利及人」，值得我們主動去分享我們的利益。相信很多人都有這方面的經歷與心得。總之，能夠思利及人，懂得分享利益，無論你做什麼，都一定能處處有助力，時時有人緣。所以，想成就一番事業的你，一定要讓自己儘早成為能「思利及人」的人。

互惠互利：找到你與他人的利益共同點

有位果農培育出了一種皮薄、肉厚、汁甜、蟲害少的新水果。由於水果好吃，所以銷路很好。很快果農的水果便銷售一空。又由於只有他才種出了這種水果，所以他賺了很多錢。榜樣的力量是無窮的。鄰居們看到他透過種這種果樹賺了大錢，也都想去栽種，讓自己也跟著發家致富。於是，鄰居們紛紛到果農那裡去購買他培養出來的新水果的種子。

但果農拒絕了鄰居們的請求。他認為物以稀為貴，要是大家都來種植這種水果，將來肯定會影響自己產品的銷路。他要獨享這種水果給自己帶來的財富與喜悅。鄰居們沒有辦法，只好去別的地方購買種子。

令果農沒想到的是，第二年到了這種水果快要成熟時，他發現這些水果的品質下降得非常厲害。結果等水果成熟後，沒有一個果販願意買他的這種水果。最後，他只好用極低的價格處理了這一年的果實。

同一塊土地、同一種種子、同樣的氣候與溫度、施用同樣的肥料，卻得到了兩種品質差別極大的果實，為什麼會這樣呢？他想破了腦袋也沒能想到原因。最後，他只好去向水果種植、培育方面的專家請教。

專家告訴他，由於他的果園附近都種了同類舊品種的果樹，只有他的是改良品種，所以在開花時經由蜜蜂、蝴蝶和風的傳媒，令他的品種和舊品種雜交了，以至於他的果子都變質了，最後水果變得不好吃，賣相還很差。

果農知道了問題產生的原因後，連忙問專家：「那我該怎麼辦呢？請您幫幫我！」

「很好辦啊！將你的好品種分給大家，一起來種不就好了嗎？」專家

第六章　利他為本：打造可持續的雙贏團隊

說道。果農回去以後，馬上按照專家的建議去辦，把自己水果的種子都分給了鄰居們去種植。

時間過得很快，又到了新的一年的水果收穫季。這一年，四村八寨的果農都收穫了品質很好的水果，而這位果農呢？除了種植該水果外，他還開了一個水果加工廠，然後把大家的水果都收購了起來。經過加工之後的水果再銷往全國各地時，又讓這位果農賺到了更多的錢。

以前，這位果農以為能獨享財富，卻沒想到會獨享得那麼短暫，甚至還差一點給自己的果園帶來了毀滅性的後果。而當他把品種分享出來讓大家都一起栽種後，既幫助其他人獲得了財富，又讓自己收穫了更多的財富，真是一件互惠互利的雙贏之舉啊。

其實，當你能夠做到思利及人、互惠互利時，你的收穫會更多，影響力會更大，尊敬你的人會更多。這其實就是我們常說的「雙贏」。什麼是雙贏？簡單說就是，雙方都能得到好處，大家都能嘗到甜頭。例如：大海裡的某些小魚專門替某些大魚清理身上的微生物，所以大魚從不吞吃牠們；而待在大魚身邊，小魚也能免受其他魚類和水下動物的攻擊。於是，大魚和小魚在不經意間實現了雙贏。為什麼牠們能互惠互利呢？因為找到了利益共同點。

春秋時期，吳越兩國經常打仗，從而令兩國老百姓也都將對方視為仇人。有一次，兩國的人恰巧共同坐一艘船渡河。他們在船上互相瞪著對方，一副要打架的樣子。但是船開到河中心時，河面上突然颳起了大風。風越刮越大，眼見船就要翻了，為了保住性命，他們顧不得彼此的仇恨，而是選擇了互相救助。每個人都使出了渾身解數，最終大家合力穩定住了船身，安全到達了河對岸。他們暫時放下恩怨合作，結果實現

互惠互利：找到你與他人的利益共同點

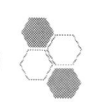

了雙贏。之所以能合作，是因為他們在極短的時間裡找到了雙方的利益共同點：都想活命。

雙贏，是把生活看作一個互惠互利合作的舞臺，而不是有你無我、你死我活的角鬥場。雙贏能夠在幫助別人的同時，接受別人的幫助，雙方最終獲得獨自奮戰時所不能擁有的東西。理解好了雙贏的真正含義，你必定能透過成就別人而更好地成就你自己。

人類社會是建立在利益和利益關係的基礎之上的，而互惠互利是人際交往的一個基本原則。人與人為什麼會交往？雖然每個人的具體動機各不相同，但最基本的動機都是一樣的，那就是為了從交往對象那裡獲得自己的某些需求。事實上，人際交往中的互惠互利原則也是合乎我們社會的道德規範的。總之，交往雙方的需求和需求的滿足必須保持平衡。否則，人際交往就會中斷。要使雙方需求平衡、利益均等，就一定要學會找到雙方的利益共同點，這樣才能讓合作越發穩定下去。

俗話說得好，「無利不起早」。絕大多數人都有「趨吉避凶」的本性。如果你在與他人交往、合作的時候，讓對方知道他能得到與你相同的利益，他就會很主動地與你交往；如果他知道自己將得到的利益比你的還多，他就會積極地與你建立「生死同盟」，並廢寢忘食地付出。要達成上述的效果，就必須懂得互惠互利，找出你與他人的利益共同點，讓對方知道你與其利益是一致的。

有一家企業經營得很不好，已經連續虧損了好幾個月，所以員工們已經連續好幾個月只能領到基本薪資。當員工們向老闆提出抗議時，老闆對他們說：「諸位，你們希望公司倒閉嗎？如果公司垮了，大家一分錢也拿不到了。我也不希望公司倒閉。我與你們有著共同的利益，公司

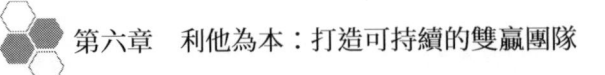

第六章　利他為本：打造可持續的雙贏團隊

倒閉了對你們、對我都沒有好處。如今我們只有團結一致，共同度過難關。企業保住了，大家才都有飯吃；公司賺錢了，大家才能領到更多的薪水。」

員工們聽了老闆的話後，感覺到老闆與自己有著共同的利益關係，紛紛覺得只有企業辦好了，賺錢了，自己的薪資收入才會提高。於是，員工們從此齊心協力，努力工作，把企業搞得有聲有色。當公司賺到了錢後，員工們都獲得了可觀的薪水與優厚的福利待遇。

無論什麼樣的合作，如果只有一方占便宜、其他人都吃虧，這個合作一定不會長久。唯有互惠互利的合作，才是沒有輸家的合作，才能真正保證合作的雙方互利雙贏。怎樣確保雙贏呢？能夠形成雙方的利益共同點，讓對方感覺到你與他的利益是一致的，這樣對方就會主動配合你，甚至比你還要賣力地想把共同的目標實現。在這個世界上，所有人都會為了維護自己的利益而主動去努力。而互惠互利，則會讓雙方都成為最後的贏家。

善用同理心：學會換位思考，關注對方感受

　　從前，有一位叫做姜太公的智者，用一個直鉤釣到了一條尾巴奇大無比的「魚」，讓他享用了一生。當然，如你所知，姜太公「釣魚」靠的其實不是真實的魚鉤，魚鉤只是他藉以掩飾的工具，他要釣的也不是河裡的魚，而是人心，一位識他之才的大人物的心。因此，他才會天天坐在渭水河邊，靜候「大魚」的到來。後來，周文王路過渭水，被姜太公這位直鉤的釣者吸引住了，從而心甘情願地成為姜太公直鉤上的「大魚」。從此，歷史上便有了這樣一句著名的俗語：「姜太公釣魚，願者上鉤。」

　　世界上那些特別厲害的釣者都懂得這樣的道理：能想魚之所想，急魚之所急，魚就會心甘情願地上鉤。高明的釣者都懂得針對對象的喜好，然後投其所好，一舉將魚兒釣到；愚蠢的釣者，常常不是想魚之所想，而是思己之所思，他不拿魚兒喜歡吃的食物做釣餌，而是將自己喜歡的食物做釣餌，一點也沒有考慮到魚兒的喜惡、感受。這樣的人居然也想釣到魚？簡單是痴心妄想，白日做夢。

　　有句話說得妙：「你要想釣魚，就要像魚一樣思考。」魚的心理，你一覽無遺；魚的目的，你無不深知；魚的需求，你無不滿足；魚的弱點，你緊緊把握……這樣的你，還擔心釣不上來魚嗎？當然不用擔心，因為你已經透過「同理心」，看透了魚的優缺點，掌控住了魚的欲求。在與他人打交道的過程中，如果你也能夠運用「同理心」，也同樣可以像姜太公那樣，「釣」到你最想「釣」的「大魚」。

　　什麼是同理心呢？其實就是站在對方的立場和角度去思考問題，關注對方的感受，看清對方最核心的利益訴求。而只有善用同理心，你才

第六章　利他為本：打造可持續的雙贏團隊

能明白你欲交往對象的所思所想、所欲所望，才能找出與之交往的切入點，才能深入認識，最終成為朋友，實現雙贏。

在美國很有影響力的演說家、商業廣播講座著名撰稿人托尼‧亞歷山德拉（Tony Alessandra）博士曾說過這樣一句話：「在人際交往中要想成功，首先你一定要了解對方的心理、對方的需求，然後在合法條件下滿足對方的需求，遵從他們的意願行事。」

這句話後來被人們稱作人際交往的白金法則，並影響了無數人的行為習慣。這條法則的重點在哪裡呢？重點是建議我們以他人利益為重，用對方認為最好的方式去對待他們。記住，是對方，而不是我們！

這種方法跟我們剛才提過的「要想釣到魚，就要像魚一樣思考」的法則有著異曲同工之妙。打個比方，我們在釣魚時，一定要以魚喜歡的食物作為誘餌，這樣才能釣到魚，如果我們不是把魚喜歡的食物作為誘餌，而是將我們人類喜歡的食物如一根香蕉、半打汽水作為誘餌，又怎麼可能釣到魚呢？

白金法則的精髓是：「別人希望你怎樣對待他們，你就怎樣對待他們。」這就要求我們要從研究別人的心理和需求出發，根據對方的需求調整我們的行為。只要你以對方為重心，想對方所想，急對方所急，你一定能迅速征服對方，獲得對方的助力。如果同理心和白金法則運用得好，你甚至能徹底改變自己的命運。

如果懂得關心別人的需求、對別人真正感興趣，那麼，即使你是小孩子，也同樣會得到皇帝的心。而一個只在意自己、對別人和對外界沒有好奇心的人，即使有再好的機會出現，也可能與機會擦身而過。

奧地利著名心理學家阿德勒在其著作《自卑與超越：生命對你意味

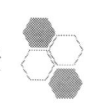

著什麼》裡說道:「不對別人感興趣的人,他一生中的困難最多,對別人的傷害也最大。所有人類的失敗,都出自於這種人。」

曾任哈佛大學校長的查爾斯·艾略特博士是一位傑出的校長,他就是一位總能對別人很尊重、很感興趣的人。有一天,一個名叫克蘭頓的哈佛新生來到校長室,向學校申請一筆學生貸款。他的申請被當場批准。他對此感激不已,然後向艾略特表示了感謝。

隨後,他正要離開時,艾略特問他:「有時間嗎?請再坐一會兒。」克蘭頓點了點頭。然後校長跟他說道:「你在自己的房間裡親手做飯吃,是嗎?我上大學時也做過。我做過牛肉獅子頭,你做過沒有?要是煮得很爛,那可是一道很好吃的菜呢!」接下來,他又詳細地告訴克蘭頓怎樣挑選牛肉,怎麼樣用文火燜煮,怎麼樣切碎,然後放冷了再吃。「你吃的東西必須有足夠的分量才行,孩子!」艾略特校長最後說。

你發現了沒有,艾略特真是一位了不起的校長,也是一位很受大家喜歡的校長!試想,一位對自己如此熟悉和關心的校長,克蘭頓怎麼會不喜歡呢?能對一位普通的學生了解到這種程度,這位校長是了不起的。

當你與他人交往時,如果善於運用「同理心」,懂得換位思考,關注對方的感受,就必定能更好地與對方互惠互利,找到利益的共同點。其實,能夠思利及人的人,同樣很懂同理心,所以才能夠更好地透過利他而利己。所以,請學會換位思考,主動關注對方的感受和需求,用同理心幫助你與合作得更好。

第六章　利他為本：打造可持續的雙贏團隊

● 把虧吃在明處，是一項很好的「投資」

在華人世界裡，奉行「吃虧是福」哲學的人非常多。所謂「吃虧是福」，其實是一個利益交換等式。吃虧者並不希望自己的利益白白受損，而是希望用「吃虧」換來「福」。至於是什麼樣的「福」，就見仁見智了。

事實上，真正意義的「吃虧是福」，是以眼前利益的暫時損失為代價去換取長遠的利益。如果沒有考慮任何回報就胡亂地付出，這叫做吃傻虧。幫助了別人，卻讓自己遭受了很大的損失，是很不划算的。幫助了別人後，即使獲得不了物質利益上的好處，至少也要讓自己獲得心情上的愉悅啊！如果幫助了別人後，自己的心情變差了，那還不如不幫忙呢！正因為如此，有位智者就指點我們說：「把虧吃在明處，才是真的有福。」

虧，要吃在明處，至少你應該讓受益方心裡有數。切記，只有明明白白地吃虧，讓對方知道你是主動地吃虧，從而認同你的吃虧，感謝你的吃虧，這樣你才有可能換取到對方的「知恩圖報」。

吃虧吃在明處，就是要理性地吃虧，從吃虧中獲得長遠的利益。常言道：「好漢要吃眼前虧。」因為眼前虧不吃，往後可能要吃更大的虧。「吃眼前虧」的目的是換來其他的利益，或者是為了自己更長遠的利益做打算。

有位商人做生意做得非常成功，所以慕名而來向他請教的人非常多。有一天，一位年輕人也前來向他請教。這位商人剛開始時並沒有說什麼，而是拿出了三塊大小不一的西瓜，擺到了年輕人的面前。然後，他問年輕人：「如果每塊西瓜代表一定程度的利益，你會選擇哪一塊？」

把虧吃在明處,是一項很好的「投資」

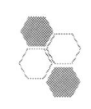

年輕人毫不猶豫地選擇了最大的那一塊。商人微微一笑,然後又說道:「那好,請吧!」他把那塊最大的西瓜遞給了年輕人,自己則吃起了最小的那塊。只見商人很快就把最小的那塊西瓜吃完了。隨後,他又拿起了桌上最後那塊西瓜,然後大口地吃了起來。商人的選擇讓年輕人突然有了感悟:商人吃的西瓜雖然沒有自己的西瓜大,卻比自己吃得要多。如果每塊西瓜代表一定程度的利益,那麼商人占有的利益無疑要比自己多。

吃完西瓜後,商人對年輕人說道:「要想成功,就要學會選擇,懂得放棄。知道什麼時候該吃虧,如何去吃虧,這樣你才能獲取長遠的更大的利益,這就是我的成功之道。」商人的這段話啟示我們,吃虧是福,而且要善於吃虧。懂得把虧吃在明處,就一定會有很多的人願意來和我們合作,幫助我們成就事業。

曾多年榮登「華人首富」寶座的李嘉誠就非常懂得「把虧吃在明處」、透過捨棄小利贏大利的道理。李嘉誠曾是香港十多家企業的董事長或董事,每年都可以從每一家公司裡領到或多或少的袍金(袍金,即董事為公司工作的報酬,包括薪水、佣金、花紅、車馬費等),但他總是把所有的袍金都歸入到長實公司的帳上,自己全年只拿 5,000 港元。以 1980 年代的經濟水準,像長實系這樣盈利狀況甚佳的大公司的主席袍金,一家公司就該有數百萬港元。5,000 港元還及不上公司裡一名清潔工的年薪。進入 1990 年代後,袍金更遞增到了 1,000 萬港元上下,但李嘉誠堅持了 20 多年的袍金處理方式依舊維持不變。

每年放棄上千萬元袍金的李嘉誠卻獲得了公司眾股東的一致好感,愛屋及烏,他們自然也更信任長實系的股票了。甚至,當李嘉誠購入其他公司的股票時,那些投資者也都會緊隨其後。李嘉誠是長實系的大股

第六章　利他為本：打造可持續的雙贏團隊

東，當長實系的股票被抬高後，長實股值大增，得大利的還是李嘉誠本人。而總是願意吃虧卻又懂得把虧吃在明處的李嘉誠，每次想藉助公司的力量去辦成什麼大事時，總會很容易便得到股東大會的通過。於是，吃虧是福、把虧吃在明處的好處便展現出來了。

當有人問到李嘉誠的二兒子李澤楷「你父親在生意上都傳授了你哪些祕訣」這樣的問題時，李澤楷的回答是，其實他父親並沒有傳授給他什麼賺錢的祕訣，只教了他一些為人處世的道理。例如：李嘉誠曾對他說，在與別人合作時，假如拿7分合理，8分也可以，那麼自己拿6分即可。

為什麼要這樣做呢？其實很容易明白，雖然他只拿了6分，但是這樣做以後，就會有更多的人前來找他合作，因為與他合作可以拿到更多。於是，本來只有一個合作對象的他，現在變成了有100個人前來找他合作。也就是說，李嘉誠拿了100個6分！假如拿8分的話，100個人就會變成5個人，剩餘的95個人就會跑掉，不願意和他合作了，結果他就只能賺5個人的8分。孰虧孰賺，一目了然。

由此可見，李嘉誠的做法是非常高明的，他真是一位善於吃虧、懂得什麼叫「吃虧是福」的人。正因為他善於「把虧吃在明處」，因此他所吃的虧，都能為他帶來好處。表面上看，他是吃虧了，但他爭取到了更多人的心，讓別人覺得這個人很值得信賴、合作。於是，那些賺錢的生意就源源不斷地主動來找他。他的事業自然會做得越來越大，最後甚至成為「香港首富」、「世界華人首富」。

什麼叫「吃虧是福」？為什麼「把虧吃在明處」值得提倡？李嘉誠用一輩子的成功告訴了我們答案。李嘉誠對「把虧吃在明處」的理解和做

把虧吃在明處,是一項很好的「投資」

法,其實就是小利不取,大利不放,或者說是以小利為誘餌釣大魚。在人生裡,到底是只看到眼前的比較直接的「小利益」,還是能把眼光放長遠一些,發現更大但可能比較隱蔽的「大利益」呢?選擇權就在每個人的手上。

第六章　利他為本：打造可持續的雙贏團隊

● 越有「利他」的價值，越有競爭力

安東尼是美國一家知名鐘錶代理公司的品牌推廣經理。但在兩年前，他還是一家規模不大的公司的行銷部副經理。後來，現在的老闆主動找到了他，誠邀他去現在這家鐘錶代理公司工作。更令安東尼意外的是，在他還沒有正式成為現在公司的一員時，老闆就送給了他一塊市值20萬美元的手錶，當作是送給他的員工福利。

安東尼的朋友和同事知道了這些後，都很羨慕他能得到這樣的好職位和這樣的好福利。但安東尼卻說，獲得這樣的工作機會，連他自己都覺得很意外。

為什麼這家著名鐘錶代理公司的老闆會看中安東尼呢？原來，現在這位老闆曾經是安東尼的一位客戶。由於安東尼工作能力非常出色，所以深受他的賞識。因此，當公司有職位空缺時，老闆便將安東尼列為候選人之一。可以說，要不是因為安東尼平時注重提高自己的工作能力與服務水準，努力打造自己的可被利用的價值，肯定不會被現在的老闆看中，自然也就得不到這個機會。

很多人都希望自己能得到貴人的提攜和幫助，從而為自己贏得出人頭地的機會。然而，貴人不會無緣無故地青睞你，你身上必須具有能引起貴人重視的能力或資源才行。所謂的能力與資源，說白了就是一個人身上的「可被利用的價值」，或者說是「利他的價值」。

如果你一直沒有被別人重視，總是得不到機會，你就要捫心自問一下這樣的問題了：「我對別人有用嗎？」如果你無法被別人利用，就說明你不具備利他的價值。你越有利他的價值，就越容易受到機會的青睞、

貴人的重視。

在職場裡，有些人特別喜歡跳槽，只要覺得在現在的公司裡沒受到重視和重用，就馬下跳槽到下一家公司。然而，跳槽來跳槽去，卻一直得不到什麼好機會，反而浪費了時間，耽誤了青春。為什麼會這樣呢？這樣的人，之所以去到哪裡都得不到公司的重用、機會的青睞，完全是因為他們身上的「可被利用的價值」不夠大。要知道，你的「可被利用的價值」或者「利他的價值」越大，就越會受到公司的重視和重用。

這個故事恐怕很多人都知道。一年前，甲滿腹牢騷地對好朋友乙說：「我要離開這家公司。我恨死我們老闆了，他自始至終都沒有重視過我！」

乙聽了之後，對甲說：「我舉雙手贊成你跳槽。但是，在跳槽之前，我建議你不妨給這家破公司一點顏色看看。換言之，現在還不是你離開這家公司的最好時機。」

甲疑惑地問：「為什麼呢？」乙解釋道：「如果你現在跳槽走了，公司的損失並不大。所以，你不能現在就走，而應該在把自己打造成為公司裡最有價值的人之後再走。這樣，你就能讓公司因為失去你而後悔不已。具體怎麼做呢？你應該趁著在公司的機會，拚命地去為自己拉一些客戶，努力讓自己成為公司裡獨當一面的人物，然後帶著這些客戶突然離開公司，這時公司必定會受到重大的損失，那麼，你不就能出一大口惡氣了嗎？看這家破公司還敢不敢小看你！」

甲覺得乙說得非常在理。於是他一邊努力工作，一邊不斷提升自己個人的能力。同時，他還像乙建議的那樣，不斷服務好自己的客戶，不斷發掘新客戶。結果半年後，他不但工作越來越出色，個人能力越來越

第六章　利他為本：打造可持續的雙贏團隊

強，他還擁有了一大群忠實的客戶。

半年後的一天，當兩個人再見面時，乙對甲說：「現在是跳槽的好時機了，你要跳就趕快行動啊！」

沒想到甲淡然地笑道：「昨天老闆才剛剛跟我長談過，說準備升我做總經理助理，薪水福利都有大幅度的提升，所以我暫時還沒有離開公司的打算。」

聽到甲這樣說，乙也欣慰地笑了。其實這是乙所採取的激將法。乙並不希望甲亂跳槽，而是希望他能夠不斷打造自己的「可被利用的價值」。因為乙明白，一旦一個人的「可被利用的價值」或者說「利他的價值」越高，就越容易被他人重視和重用。

這個故事啟示我們，你跳槽過的公司再多，也不代表你有能力，只有當你在工作中表現出巨大的可被利用的價值，老闆才會願意「利用」你為公司創造更大的利益，才會給你更多的機會。這一點如何強調都不過分：你把自己打造成一個擁有巨大的「利他價值」的人，比什麼都重要！

微軟創始人比爾蓋茲很早就意識到家庭和個人電腦的巨大市場，憑藉他在電腦方面的造詣，他創立了微軟公司。那時候，比爾蓋茲雖然已經是電腦高手，但在商界裡他還只是一個無名小卒。但是，比爾蓋茲憑藉自己對電腦趨勢的掌握，又適時地藉助了人脈資源的力量，終於使微軟公司走上了成功之路，最後達到了如今這樣的規模與成就。

比爾蓋茲在 20 歲時簽到了第一份合約，這份合約是跟當時全世界最大的電腦公司 IBM 簽的。當時，比爾蓋茲還是哈佛大學的在讀生，之所以能簽到這份合約，是因為他得到了一個中間介紹人的幫助。這個人其實就是比爾蓋茲的親生母親。比爾蓋茲的母親是 IBM 董事會的董事，母

越有「利他」的價值，越有競爭力

親介紹兒子認識董事長，這是很理所當然的事情。然而，如果比爾蓋茲沒有對世界發展趨勢的準確掌握，沒有表現出在電腦方面無人能及的智慧，即使他母親能為他介紹認識 IBM 董事長，也未必能簽下這份合約。

所以，你必須先要具備「利他價值」，別人才會願意和你合作。你的「可被利用的價值」越巨大，願意主動和你合作的人就越多。這時候，你想不成功都難。因此，如果你想在某個領域裡獲得巨大的成功，請先讓自己擁有巨大的「可被利用的價值」。切記，你越「利他」，你的競爭力就越強大！

第六章　利他為本：打造可持續的雙贏團隊

第七章
說話的力量：
用溝通壯大你的影響圈

第七章　說話的力量：用溝通壯大你的影響圈

● 不著痕跡的讚美，最容易打動他人

在當今這個商業社會裡，每個行業裡的競爭都非常激烈。因此，每個人都希望擁有脫穎而出的本領。於是就有一些人總結出了各種決定成敗的因素。比如：細節決定成敗，態度決定成敗，關係決定成敗，才幹決定成敗等等。這些因素都對。而我們在這裡要向大家講述的一種成功因素，則是每個人都很容易掌握的，那就是：讚美。

美國《幸福》雜誌旗下的名人研究會曾對美國 500 位年薪 50 萬美元以上的企業高階管理人員以及 300 名政界人士進行過訪問。在訪問過程中，其中一項問題是：「您認為事業成功的最關鍵因素是什麼？」結果，這 800 人裡，有 93.7% 的人認為，事業成功的最關鍵因素是人際關係的順暢，而其中最核心的是學會讚美他人。

雖然這樣的看法也許有些誇大。但無可否認的是，善於讚美，確實能很容易幫助我們去說服別人。而很多時候，能夠說服別人幫助我們，我們就更容易成功。如果說服不了別人，我們就會遇到很多麻煩。從這個意義上來說，「讚美決定成敗」也是成立的。

絕大多數人其實都明白讚美的重要性，也每天都會用到讚美這個和他人打交道的方法。然而，真正懂得利用讚美來幫助自己迅速達成目標的人，其實並不多。究其原因是，很多人都不懂得讚美的有效使用方法。怎樣去讚美別人，才能更容易地打動對方，說服對方，這樣的方法非常多，限於篇幅，這裡就不一一介紹了。這裡只介紹幾個很容易掌握又一試就靈的讚美方法。

在讚美的方法裡，最高明的一種是，不著痕跡地讚美別人。那些說

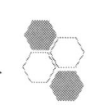

服別人的高手都懂得這一招。他們往往在看似不經意間，說出一句或幾句對對方的不著痕跡的讚美，卻能深深地打動對方。其征服對方的效果，遠勝過千言萬語。

清末名臣曾國藩對理學有著特別深入的研究，所以自認為經過多年的內心修練，自己基本上已經達到了儒學要求的德行與修養的最高境界。例如：自己對那些拍自己馬屁、戴自己高帽的做法，已經毫不在意了。

有一次，在與幕僚們閒聊當代人物時，曾國藩說：「彭玉麟、李鴻章都是大才，為我所不及。我可自許者，只是生平不好諛耳。」曾國藩這段話的大概意思是，拍馬屁、戴高帽這類做法，在我這裡是行不通的。

聽了他這段類似於宣告的話，有一個幕僚就說了：「諸公各有所長，彭公威猛，人不敢欺；李公精敏，人不能欺。」說到這裡，似乎說不下去了。曾國藩聽了，便問道：「那你們認為我呢？」

在曾氏幕府裡，這樣的議論是不禁止的。眾人都開始思索，看看什麼樣的詞可以用來形容曾國藩。一時之間，大家都沒有說話，府內寂靜得可怕。不過，寂靜很快就被打破了。只聽得一個掌管抄寫的年輕後生朗聲說道：「曾帥仁德，人不忍欺。」眾人一聽，不禁拍手稱好。曾國藩連忙一邊擺手一邊說：「不敢當，不敢當。」但其實這句話讓曾國藩非常受用，認為用來形容自己非常恰當。換言之，這是一聲最為高明的讚美，瞬間便打動了曾國藩。

那人退下之後，曾國藩便問身旁人：「這個人是誰？」旁人告訴他說：「他是從揚州來的，中過秀才，家境貧寒，辦事還算謹慎。」曾國藩說：「這個人有大才，不可埋沒。」

第七章　說話的力量：用溝通壯大你的影響圈

　　過了一段時間，曾國藩被朝廷封為兩江總督。曾國藩一上任，便讓這個人做了揚州鹽運使，用今天的話來說就是「揚州食鹽專賣局局長」。食鹽是民生必需品，且由國家壟斷，管這種東西的官雖然不是很大，但這個位置可是肥缺。可見，這個年輕人也算是被重用了。

　　讚美別人，可不是一味地亂誇亂棒就可以的。要想讓你的讚美說到對方的心坎上，瞬間打動對方，一定要把讚美的話說得高明一些。而不著痕跡的讚美，就是這樣的讚美方式了。

　　除了可以誇獎別人，讚美還可以幫助我們批評別人。善於使用「讚美式批評」，能夠讓我們批評別人的話，更容易讓對方接受。

　　很多教別人說話技巧的人或者書籍，都是這樣說的：在開始批評別人之前，要先真誠地讚美對方，然後一定要接一句「但是」，再開始批評。舉個例子，某家長為了改變自己孩子不專心讀書的態度，以為這樣批評是最好的：「小明，我們都以你為榮，你這個學期的成績進步了，『但是』，如果你的國文更努力一點的話，就更好了。」

　　可能小明在聽到「但是」之前是很高興的，聽到「但是」之後卻會懷疑家長讚美的可信度。對他來說，這個讚美只是為了批評他而事先所做的鋪陳而已。

　　要想讓別人真心接受你的批評，且還會讓聽者對你更加喜歡，我們只要在剛才的說話裡，換掉兩個字，效果就會天壤之別。只要把「但是」換成「而且」，問題就輕易解決了。請看：「小明，我們都以你為榮，你這個學期的成績進步了，而且，只要你下個學期繼續努力，你的國文成績肯定也會比別人好的。」

　　這樣，小明就可以滿心歡喜地接受這個讚美了，因為後面沒有什麼

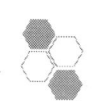

失敗的推論在等著自己。家長已經用一種非常高明的說話方式，讓他知道父母要他改進的行為。而可以讓人確信的是，他必定會盡力向著這個期望的方向出發。

在讚美的方法裡，還有兩個是我們可以常用的。一個是「遇物加錢」，另一個是「逢人減歲」。買東西是我們每個人日常生活中再平常不過的一種生活行為。人們普遍的購物心理是，自己能夠用「廉價」購到「美物」。當我們購買了一件物品後，要是自己花了 100 元，別人卻認為只需 50 元時，我們往往會有一種失落感，覺得自己不會買東西。相反，當我們花 20 元買了一樣東西後，別人認為需要 70 元時，我們又往往會有一種成就感，感覺自己很會買東西。正是這種購物心理的存在，「遇物加錢」的讚美技巧就有了用武之地。

「遇物加錢」這個方法很能討對方歡心，而說起來又很簡單，你只要高估對方購買的東西的價格就可以了。

我們再來說一說「逢人減歲」。只要是人，又有誰不希望自己永遠年輕呢？所以，成年人對自己的年齡是非常敏感的。例如：你是一位剛剛三十出頭的年輕人，卻被別人看作是中年人了，你心裡會高興嗎？如果妳是位已經五十多歲的中年婦女，別人卻「誤」以為妳是一位三十歲的大姐，妳心裡會不高興嗎？

正是成年人普遍存在的這種怕老心理，「逢人減歲」這種讚美技巧才有了討人喜歡的「市場」。怎麼使用這種方法呢？其實就是把對方的年齡盡量往小了說，從而使對方覺得自己顯得年輕、保養有方等，進而產生一種心理滿足。

無論「遇物加錢」還是「逢人減歲」，其實都是一種不著痕跡的讚

第七章　說話的力量：用溝通壯大你的影響圈

美，遠比那些赤裸裸地拍對方馬屁高明得多。而無論是哪一種「美麗的錯誤」，被讚美的人，都願意多聽幾句，多聽幾次。所以，如果你想更容易打動他人的心，一定要學會不著痕跡地讚美對方。

用心傾聽，特別容易征服對方

　　穎穎是一名漂亮的空中小姐，平時追求她的男生非常多。有一天，穎穎突然向朋友們宣布說，她要訂婚了。大家紛紛猜測，到底是誰那麼幸運，能夠征服穎穎的心。好朋友雨桐問她，是不是經常打電話給妳的小蕭？穎穎搖搖頭說，不是。好朋友玲雪問她，是不是天天送花給她的機師小沈？穎穎又搖搖頭說，不是。好朋友秋雅問她，是不是那個管理著十幾家公司的褚董事長？穎穎還是搖了搖頭說，不是。

　　大家一個又一個地猜，穎穎則一個又一個地否認。最後，大家實在猜不出來了，穎穎才一臉幸福地公布了答案，是在地勤上工作的小潘。

　　所有人一聽都覺得不可思議，因為論才華論相貌，小潘都很一般。他究竟是怎麼得到穎穎的芳心的呢？有人連忙問穎穎，為什麼她會選擇小潘？

　　穎穎略帶羞澀地回答說，因為小潘特別願意聽她說話，每次她跟他講話的時候，哪怕只是講一點小事，他都會很真誠地看著她，聽得特別認真。穎穎認為，小潘真是一個難得的好聽眾，所以她覺得他比其他人更有教養，更尊重她，也更愛她。

　　大家終於明白了，原來是傾聽，讓小潘擄獲了穎穎的芳心。

　　臺灣著名作家余光中曾經說過：「善言，能贏得聽眾；善聽，才能贏得朋友。」如果你是處於戀愛中或者已經處於婚姻中的人，一定會贊同這位穎穎的觀點。懂得傾聽的男人最有魅力，懂得傾聽的女人最溫柔可人。你的伴侶如果是一位好聽眾，那麼你一定會倍感幸福，因為你能從對方傾聽的態度中感受到更多也更具體的理解、尊重與愛。

第七章　說話的力量：用溝通壯大你的影響圈

歌德曾說過：「對別人訴說自己，這是一種天性；認真對待別人的傾訴，這是一種教養。」美國著名人際關係專家戴爾・卡內基曾說過：「如果你希望成為一個善於說話的人，就要先做一個注意傾聽的人。」有一句民間諺語也說道：「人長著兩隻耳朵卻只有一張嘴巴，就是為了讓我們少說多聽。」

學會傾聽，在溝通中拿出傾聽的姿態，你才能獲得別人的信任，才有可能聽到對方的傾訴。學會傾聽，你將獲得更多更真實的資訊，你將擁有更多更交心的朋友，你將得到更多更有分量的尊重。

令人遺憾的是，在生活和工作中，還有很多人一提到溝通就認為是要善於說話。於是他們總是很急切地想發表自己的意見與見解，有時候還不肯給別人說話的機會。所以，這樣的人往往不討大家喜歡，也很難累積起人脈資源來。

其實，只要你肯用心傾聽對方說話，你就特別容易征服對方。人的本性都是喜歡表現自己的。所以，當你願意用心傾聽時，就是給了對方一個滿足自我的機會。對方的訴說欲望得到釋放後，自然會感激你，喜歡你。

在紐約電話公司裡，曾接到過一件相當棘手的投訴。事情是這樣的。有一天，一位顧客打電話進來，不但痛罵公司的接線員，還拒絕繳納電話費。發展到後來，這位顧客開始四處投訴，並且借輿論的力量去攻擊該公司。這位顧客列舉出了該公司的多項罪名，然後公開指控該公司。最後，該公司不得不派出了最善於與他人溝通的工作人員，讓他去登門拜訪這位暴躁兇悍的顧客。

令所有人都沒想到的是，這位工作人員輕鬆地就把這個難題給解決

了。原來，他去拜訪這位顧客時，只做了一件事情：傾聽。在面對顧客時，只見他一直專注地傾聽，讓對方將滿腹的牢騷都一個接一個地傾訴出來。在整個過程中，他只是一個勁兒地點頭稱是。一個小時後，這位顧客的問題便解決了。顧客答應他，不再控告他們公司，甚至不會再給他們找任何麻煩了。

從表面上來看，這位顧客展現出的是義正詞嚴，為了公眾的權利和該公司去爭個高下。但很顯然我們可以發現，這位顧客真正需要的，不過是一種受到重視的滿足感。

剛開始，這位顧客是藉著暴跳如雷、攻擊謾罵來獲得這種滿足，但這種透過媒介傳輸的溝通並沒有最終讓他釋然。所以，當他能從該公司派出的代表身上獲得這種受重視的感覺後，他身上原先的敵意自然就消弭於無形了。由此可見，善於用心傾聽，用處是多麼的大！

善於用心傾聽，是我們必須掌握的能力。如果你是職場中人，當你善於用心傾聽，就很容易得到老闆、主管、同事、客戶們的喜歡。善於用心傾聽，可以更容易理解老闆交代的事務，可以最大限度地減少與同事間的誤會，還可以增加閱歷和經驗，讓你與老闆、主管、同事、客戶等的關係變得更加和諧、融洽。

當你願意和善於用心傾聽後，你會驚喜地發現，別人也開始願意聽你說話了，這無疑為你個人增加了實現目標的機會。

所以，去傾聽吧！當你做到用心傾聽後，你會發現，在傾聽的過程中你會得到收集資訊、了解情勢、提升人際關係等諸多好處，而且只要你肯拿出真心來認真傾聽每個人的每一句話，你就會獲得更多的回報。

雄辯是銀，傾聽是金。去傾聽吧！當你學會真誠、用心地傾聽，你

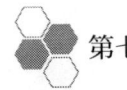

第七章　說話的力量：用溝通壯大你的影響圈

得到的將不僅是訊息，是尊重，更是喜人的回報，因為傾聽比傾訴更令人傾心。願意用心傾聽別人的你，會讓別人覺得很值得深交。同理，那些樂意去傾聽你說話的人，也很值得你深交。

好的問題，是打開對方心門的鑰匙

　　那些說話高手都知道，善於向別人提問題，就相當於掌握了最有效的心理操縱術。好的問題可以讓溝通過程進入你的掌控之中。學會提問題，是掌握溝通主導方向的關鍵因素。提問題時能做到收放自如，才是說話的至高境界。而總能向對方提出好的問題，你就擁有了順利打開對方心門的鑰匙。

　　很多人在提筆寫文章的時候總會想起「萬事開頭難」這句話。對於寫文章來說，有一個好的開頭，文章就成功了一大半。所以，很多人在提起筆來寫之前，總會先絞盡腦汁去設計一個好的開頭。說話的時候，如何把話題順利起頭並展開，也同樣是決定這段講話是否成功的關鍵，因此在開頭的位置下功夫是非常必要的。

　　用提問題來展開話題是一種很值得學習、應用的方法。動筆寫文章或者和他人說話時，用提問的方式展開話題，可以帶著讀者、聽眾很自然地進入到內容之中。用問題開頭、用問題展開話題的方法，不但效果比平鋪直敘要好，用起來也不難。這主要有兩種方式：一是設定懸疑，引人猜測；二是拆分問題，引人入勝。

　　有一群旅客搭客運去臺北旅遊，沒想到路上塞車。塞車時間一長，車上的乘客便越來越煩躁了。這時，導遊便開始發揮起了自己的口才功夫。只見他拿起擴音器問大家：「各位以前到過士林的故宮博物院嗎？各位知道被譽為鎮館之寶的翠玉白菜嗎？各位想知道翠玉白菜有什麼意涵嗎？」

　　聽到他這麼一問，剛才還煩躁不已的旅客們，立刻提起了興趣，連

第七章　說話的力量：用溝通壯大你的影響圈

忙問導遊到底有什麼意涵。導遊見大家的注意力都被自己吸引過來了，便繼續說道：「目前推測是光緒帝瑾妃的嫁妝，青綠色菜葉與白色葉柄象徵女子身家清白，而菜葉上的昆蟲除了蝗蟲，另一隻很多人以為是螽斯，其實並不是《詩經》裡頭的螽斯喔，那你們知道牠究竟是什麼蟲嗎？」

導遊的一連串問題，讓全車廂的人都對這個鎮館之寶感到非常的好奇，然後都興趣盎然地討論了起來，甚至都忘記了客運正塞在高速公路上，並沒有怎麼向前行駛。

為什麼導遊說的這些話，這麼吸引遊客們的注意，為什麼讓大家這麼感興趣呢？因為導遊用了「設定懸疑，引入猜測」的提問方式。然後，遊客們的胃口都被吊了起來，都恨不得趕緊到故宮，看一看那個翠玉白菜。

提問、再提問，透過問題來引起話題，透過問題來勾起聽者的興趣，這就是在設定懸疑。說話的高手，往往都很善於用問題套著問題、問題繼續引出問題的方式來設定一步步懸疑，最後揭開謎底，引出主題，從而達到皆大歡喜的效果。

有一位歷史老師講到晚清宮廷腐敗時，舉了一個「光緒吃雞蛋」的例子：「一顆雞蛋的價格是 3 文錢到 5 文錢之間，結果內務府向光緒皇帝報帳的時候卻說一顆雞蛋要 26 兩銀子。26 兩銀子是多少個銅錢啊？2,000多個銅錢是一兩銀子，那 26 兩你們算算是多少銅錢？皇上要是一天吃 6 顆雞蛋得花多少個銅錢？你就 26 乘以 6 再乘以 2000，然後你再除以 3 或者除以 5，你算算這能買多少顆雞蛋了？這麼多雞蛋打出來皇上都能游泳了……」

好的問題，是打開對方心門的鑰匙

　　透過這樣一連串問題問下來，你一定也會一步一步地跟著他計算，一步一步地思索著他到底要說什麼，直到他抖出最後的包袱。如果僅僅是問「26兩銀子可以買多少顆雞蛋」，顯然產生不了現在這樣層層疊加的效果。而這位老師把問題拆分後再問，就達到了引人入勝的目的。可見，問題提得好，善於提問題，對聽者的影響力是多麼的大。

　　除了剛才說到的提問方式，我們常用的提問方法還有一種，就是「選擇題」式的提問方法。當你掌握了這套提問方法，你就能輕鬆牽著別人的鼻子走，最終達到你想要的目的。

　　強強新婚不久，妻子的溫柔體貼與善解人意，讓他處處感受到了愛的溫暖與家的美好。強強每天下班到家，妻子都會首先問他：「先洗澡還是先吃飯？」做飯時會問：「我要炒肉片白菜了，你喜歡酸辣口味，還是不放醋和辣椒的？」飯後吃水果時會問：「吃香蕉，還是吃蘋果？」晚上睡覺前，強強不肯刷牙，妻子就會開玩笑地問他：「是我幫你刷牙，還是你自己刷？」

　　妻子每天都在對強強出選擇題，而他也對此十分受用，還常常對朋友們說妻子非常體貼，很懂得尊重自己的意見。其實，從某種角度上看，善於使用「選擇題」式的提問方法的人是很強勢的。因為這些問題裡已經設定好了「非左即右」的答案。面對這樣的選擇題，回答的人會覺得「我是在兩個選項裡任選其一，提問的人讓我有所選擇」。其實，提問者已經把自己不能接受的答案都剔除掉了，所以回答的人選什麼，提問者都可以接受。當然，只要回答者覺得沒問題，也無所謂。而如果我們想讓回答者無論選擇什麼樣的答案，都在我們的掌控之中，我們就一定要學會這種提問方法。

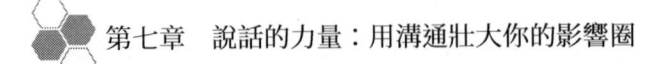

第七章　說話的力量：用溝通壯大你的影響圈

　　總之，我們學會如何向別人提問，歸根究柢是讓我們占據主導權，主動「牽引」著別人走，讓對方最終「走」到我們預先設定的「目的地」。例如：業務高手常常會用巧妙的問題，打開顧客的心門，以及順著自己的思路溝通下去，最終讓顧客向自己下訂單。又如團隊的領導者常常會用一些很鼓舞人心的反問句，來激勵大家，讓整個團隊的戰鬥力在很短的時間內空前強大起來。

　　所以，我們要學會利用提問題的方式，讓自己占據主動，更容易地說服對方聽我們的話，向我們下訂單，或者更加賣力地執行我們的指令。只要你掌握了各種提問題的方法，無論你面對什麼人，無論你身處哪類人群裡，你都能處於優勢地位。

言簡意賅，一語中的，能迅速說服別人

人活在這個世上，難免會遇到各式各樣的困難。特別是胸懷大志的人，越是接近成功，遇到的困難就會越多越大。幸好很多時候，只要我們善於使用說話的巨大威力，完全可以解決掉很多問題。經常有這樣的情況，面對一個困難和險情時，大家都想破了頭腦，但依然想不到如何去解決。但是，有些富有智慧的說話高手，卻能夠只用一句話就將局面改變，甚至令問題迎刃而解。

喬·庫爾曼在 25 年的人壽保險業務生涯裡，銷售了超過 40,000 份人壽保險，平均每天賣出 5 份。

當人們向庫爾曼請教成功的祕訣時，他回答道，自己成功的最大祕訣是，特別善於「用一句具有魔力的話來改變糟糕的局面」。這句有魔力的話就是：「您是怎麼開始您的事業的？」他說：「這句話似乎有很大的魔力，看看那些忙得不可開交的人吧，只要你向他們提出這個問題，他們總是能擠出時間來和你聊一聊。」

他舉了一個發生在他身上的典型例子來說明這種魔力。剛開始做人壽保險業務員時，他遇到過一個叫羅斯的工作非常繁忙的老闆。很多業務員都曾在他面前無功而返。兩人見面後，庫爾曼問他道：「您好！我叫喬·庫爾曼，是一名人壽保險公司的業務員。」

羅斯一聽，便不耐煩地說：「又是一個業務員。你是今天找我的第 10 個業務員了。我有很多事情要做，沒時間聽你推銷，請你別來煩我好嗎，我沒有時間。」

庫爾曼微笑了一下，然後說：「請允許我做一個自我介紹，10 分鐘

第七章　說話的力量：用溝通壯大你的影響圈

就足夠了。」

羅斯說：「我根本沒有時間。」

庫爾曼沒有說話，只是低下頭用了整整一分鐘時間去看放在地板上的產品。然後，他問羅斯：「您做這一行有多長時間了？」羅斯答道：「哦，22年了。」

庫爾曼又問他：「您是怎麼開始這一行的？」這句有魔力的話馬上在羅斯那裡產生了效果。只見他開始滔滔不絕地談了起來，從自己的早年不幸談到自己的創業經歷，一口氣談了一個多小時。最後，羅斯熱情地邀請庫爾曼參觀自己的工廠。那一次見面，庫爾曼沒有賣出保險，但卻和羅斯成為好朋友。接下來的三年裡，羅斯從庫爾曼那裡買走了4份保險。

如果你也是從事銷售工作的人，不妨試一試這句話：「您是怎麼開始您的事業的？」當然，它在適當的時機與場合提出來會比較有效果。

《墨子》中有這樣一則寓言。有個學生向墨子請教：「話說多了好嗎？」墨子回答說：「池塘裡的青蛙日夜鳴叫個不停，但卻沒有人願意去聽。報曉的公雞只啼叫了一聲，天下卻都為之震撼。話不在多，關鍵在於合乎時宜。」

墨子要告訴我們的是：如果能一句話擊中人心，就不必再多加修飾。一個顧客已經猶豫再三還是沒有決定買下你的東西，你再怎麼說產品的優點也沒有用了，還不如只說「最後一天特價」，說不定對方會因此打消顧慮以抓住最後的機會，然後馬上跟你購買。一個孩子已經犯了錯誤，你再怎麼追究也於事無補，不如跟他強調說「下次不能再犯，再犯就會被罰站10個小時」，以防止他重蹈覆轍。一個人已經站在懸崖邊了，你

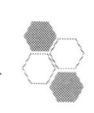

再怎麼說大道理也沒有用了，不如只說「危險！」提示他不要再往前走了，說不定能救回他的性命。當你遇到事情想要發表一番感想時，不妨先想一想能不能一句話解決問題，如果能，那就只說一句話好了。

有些人在講話前總是擔心自己講的話會片面，於是就不斷地進行豐富語言，結果加工後的話變得囉囉唆唆主次不明。而我們提倡長話短說，最好是能夠言簡意賅、一針見血，就是為了讓對方在最短時間內聽得清楚明白。這樣不但節省了說話的時間，更節省了溝通雙方思索與決斷的時間。因此，越需要馬上做決定的事情，就越要用簡潔的語言來表述。

有一家連鎖超市要應徵一名負責店內宣傳的員工。在眾多投了履歷的求職者裡，負責應徵的店長從裡面挑選了四名基本符合條件的人，然後通知他們前來面試。

四個人如約而至。店長分別對他們進行了面試。在面試中，店長讓他們都進行了自我介紹，並讓他們用最簡潔的話來介紹一下自己最突出的優點、特長。

第一位求職者說：「我文筆非常好，很會寫文章，而且內容寫得都很優美。即使是超市裡最普通的商品，我也能夠用文字把它形容得不普通。因為我的優點就是，即使最普通的事物，我也能寫出最不普通的東西。」

第二位求職者說：「我口才非常好，記憶力也特別好。我很會跟顧客做產品推薦，再長的產品說明書我都能背得下來，顧客想知道哪一種產品的哪一項特性，我都能給予詳細的介紹。」

第三位求職者說：「我的優點是做事很有條理性。我是學管理的，很

第七章　說話的力量：用溝通壯大你的影響圈

善於安排時間，並且能將店內的工作一項項處理好，能把貨物都排放得很整齊、合理。而且我很好學，肯下苦功夫。相信聘請我，你們一定不會後悔。」

第四位求職者說：「我美術字寫得很好，能每天更新店內的海報，現在就可以開始工作。」

聽了第四位求職者的介紹後，店長當場聘用了他，並對他說：「好，你現在就去幫忙更新店裡的海報吧！」

第四位求職者話說得最少，但卻應徵成功。原因是，他的話說得最明白，最能顯示出他自己的優勢，也與應徵方的職位需求最對口。賣什麼吆喝什麼，話不在多，在於說到點子上，在於能一語中的。

總之，說話貴精不貴多，把話說到點子上，把力量集中到關鍵問題上，你要贏得想要的結果，就顯得容易多了。切記，根據具體情況，把話說得言簡意賅、一語中的，更容易迅速說服對方。

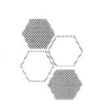

會說委婉的話，給別人一個臺階下

萌萌和阿華是一對恩愛夫妻，結婚已經快十年了。萌萌是勤儉持家的一把好手，多年來一直把全家照顧得很好，各方面的事情也處理得井然有序。不過，阿華一直以來都覺得自己虧欠了妻子，他認為主要是自己沒有什麼錢，所以沒能對妻子好。為此，他偷偷存了一筆錢，計劃在結婚十週年的時候，買一份很好的禮物送給她，略作補償。

在結婚十週年紀念日到來的那一天，阿華送了一枚鑽石戒指給了萌萌。為了買這枚鑽戒，阿華把自己積蓄了很久的私房錢都花光了。

萌萌一看到戒指，便問阿華：「這枚戒指多少錢？」

阿華答道：「七萬五千元。」

萌萌一聽這個價格，臉色馬上變了，連珠炮似的向阿華問起了話來：「你偷偷存了那麼多錢就是為了買這個嗎？這個有什麼用啊？你知不知道七萬五千元能換幾套新家具了？你知不知道七萬五千元夠兒子上一年才藝班的錢了？你知不知道我省吃儉用了多久才能存出七萬五千元啊？你卻拿這麼多錢去買既不能吃也不能穿的東西！你也太不懂事，太浪費錢了！」

抱怨完一通後，她大哭了起來，覺得阿華不理解維持一個家庭的運轉需要多少付出。而阿華這時候也是滿腹委屈，覺得萌萌不解風情，蠻不講理。就這樣，為了一枚鑽戒，一對一直恩恩愛愛的夫妻，便陷入冷戰當中。

我們再來看另一對恩愛夫妻的故事。這對恩愛夫妻的名字我們都知道，他們就是居禮夫婦。在瑪里‧居禮過生日的那一天，丈夫皮耶用一

第七章　說話的力量：用溝通壯大你的影響圈

年的積蓄買了一件名貴的大衣，作為生日禮物送給了愛妻。

當瑪里看到丈夫手中的大衣時，真是愛怨交集。丈夫對自己的愛與關懷，令她非常感激。但是，她又覺得丈夫不應該買如此貴重的禮物給自己。尤其是實驗資金嚴重不足的當下。接過這件大衣時，瑪里想了想，然後說道：「親愛的，謝謝你！這件大衣確實是誰見了都會無比喜歡的。但我還是要說，幸福是來自內心的。如果今天你送我一束鮮花來祝賀生日，對我們來說就會好得多，至少不需要花費這麼多錢。」

皮耶一聽，馬上意識到自己不應該花費這麼多錢去買禮物了。於是，他第二天就把大衣退掉了，然後用這筆錢來彌補了試驗資金的缺口。對於丈夫的做法，瑪里感到非常開心，兩個人變得更加恩愛了。

為什麼兩件起因相同、情節相似的事情，結果卻會如此截然不同呢？區別在於兩位妻子的說話方式。

萌萌批評丈夫的話太過直接，嚴重地刺傷了丈夫的面子，結果讓夫妻雙方產生了很大的矛盾，從而讓二人陷入冷戰之中。瑪里對丈夫的批評則是非常委婉的，既保住了丈夫的面子，也讓丈夫明白自己想表達的。所以，同樣的兩件事，卻產生了完全不一樣的結果。

其實很多時候，越是親密的人，越是受不了對方駁自己面子、傷自己自尊的話。這個時候，會說委婉的話，懂得給對方一個臺階下，就顯得極其重要了。委婉含蓄的話，無論是提出自己的看法還是向對方勸說，都能相對適應對方心理上的自尊感，使對方容易贊同、接受你的說法，進而知錯能改。

在生活和工作中，我們時不時會遇到需要批評、教育別人的時候，尤其是作為管理者而言。在批評別人的時候，如果想要讓對方更容易接

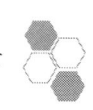

受，並馬上去改正，那麼你最好是會委婉地提出你的批評。如果你直接批評對方，不給對方一個臺階下，對方只會在反抗心理的影響下，不斷犯錯，錯上加錯。

由於有一批貴重的貨物放到了貨倉裡，所以總經理打算第二天親自來視察一遍。為了防止總經理在視察過程中發現什麼紕漏，倉庫管理員開始在貨倉裡轉了起來。沒想到，他走著走著，居然發現幾個工人正蹲在牆角處吸菸。在這群工人旁邊的牆上，卻寫著「禁止吸菸」這四個紅色大字。

見到這種情況，倉庫管理員非常生氣，於是指著「禁止吸菸」這四個紅色大字問這些抽菸的工人：「你們是不是文盲？不認識『禁止吸菸』這四個大字嗎？別在這裡抽了，快給我出去！要抽到外面抽！」這群工人似乎很聽話，真的走到了倉庫外面去抽。

第二天，總經理按時前來視察倉庫。當他走到「禁止吸菸」這四個紅色大字的牆邊附近時，突然看到了幾個正在抽菸的工人。跟隨在總經理一旁的倉庫管理員既生氣又失望，然後覺得自己連同這幾個工人肯定都要被辭退了。

沒想到，總經理竟然走到了那幾個工人面前，拿出了自己的菸盒，給了他們每人一支高檔香菸，然後說道：「弟兄們，抽一抽這種菸吧，還不錯！另外，如果大家能到倉庫外面抽菸，我會非常感謝大家的！」

抽菸工人們看到總經理不但沒有責怪他們，還請他們抽菸，都有些羞愧，於是都向總經理認了錯，並保證以後都不會再犯了。於是，總經理用他委婉式的批評，達到了禁止工人們在倉庫裡抽菸的目的。

語言的威力是極其巨大的。它可以讓人如沐春風，也能令人如坐針

第七章　說話的力量：用溝通壯大你的影響圈

瓱。難怪古人會說：「贈人以言，重於珠玉；傷人以言，甚於劍戟。」當你不懂得給人面子時，雖然說的是實情，但別人還是很難理解、體諒你；只有你說話含蓄委婉但又能讓對方聽得懂，對方才會把你的話聽進心裡，並主動去改正自己的錯誤。

　　無論在生活還是工作場合，最容易引起矛盾、是非的往往是「不給面子」的行為。打人不打臉，罵人不揭短。委婉地批評別人，懂得給對方一個臺階下，就是在說話時給別人留出餘地，不會傷了對方的面子。這樣，你反而很容易就說服了別人。

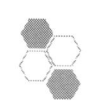

用「正話反說」去說服那些極難說服的人

當我們要說服那些極難說服的人，尤其是那些高高在上、平時非常自負、很難聽得進別人的勸告的人時，最有效的方法便是「正話反說」。

我們先來看一看，面對一場幾乎不可收拾的爭吵打鬥鬧劇時，說話高手是如何利用「正話反說」來迅速化解矛盾，收拾局面的。

小何不知道因為什麼事情與他妻子吵起來了。這兩口子越吵越起勁，到後來不但惡語相向，甚至還動起了手腳。兩人打了一會兒架，小何居然敗下陣來。沒想到，他老婆居然沒有任何停手的跡象，只見她拿起了一把菜刀，非要找小何來一個你死我活不可。有人眼明手快，趕忙把她的刀奪了過來。但她仍不罷休從地上撿起了一塊碗口那麼大的石頭，說要把小何的腦袋砸開花。

勸架的人越來越多，小何的老婆卻越來越「瘋」。正當這攤子不知道怎麼收場時，小何的老闆丁總正好路過。他看到這個情形，心生一計，然後一步上前來，拆開拉架的人們，說：「大家都閃開，看看這兩口子誰打傷誰了，誰掏錢上醫院，誰去侍候。」丁總將這段話裡的幾個關鍵字咬得特別響。

接著，丁總又趁勢將小何正在大哭的孩子往小何老婆跟前一放，說：「你們打，讓別人看笑話，讓孩子遭殃！」緊接著，丁總又把小何推到他老婆面前，激將道：「打呀！妳男人要有個好歹，用不了三天，妳不跳河才怪呢！」

拉架的那些人看到丁總使出了「正話反說，欲擒故縱」的激將法，便都先後散開。小何老婆看到沒有人願意再理她，頓時氣焰短了一大半，

第七章　說話的力量：用溝通壯大你的影響圈

　　手中舉起的石頭也不知如何放才好了。眼看無法下臺，她竟然「哇」的一聲坐到了地上。

　　丁總看她已威風掃地，便給旁邊的一位大嬸遞了個眼色。大嬸會意地走過去，輕輕一掖，讓她「順坡下驢」乖乖地爬了起來。就這樣，一場眼看收不了場的鬧劇，便奇蹟般地鳴金收兵了。這就是善於運用「正話反說」的威力。

　　其實，在幾千年前，古人就已經懂得運用「正話反說」的力量，去解決看似不可能解決的難題、化解不可能化解的困局。例如：齊國有一位叫晏嬰的相國，就很善於運用「正話反說」來幫助別人消災解厄。

　　春秋時期，齊國有個人得罪了齊景公。齊景公大怒之下，將這個人綁在了大殿外面，然後召集左右武士前來，準備肢解了這個人。為了防止別人干預他的這次殺人舉動，他甚至下令說，有膽敢勸他不要殺人者，一併也殺了。群臣見齊景公發了這麼大的火，還下了這樣的旨令，誰也不敢去阻止他。

　　時任齊國相國的晏嬰看見武士們要對那個人殺頭肢解了，連忙上前說：「讓我先試這第一刀。」眾人覺得十分奇怪：晏相國平時是從不殺人的，今天怎麼啦？只見晏子左手抓著那個人的頭，右手磨著刀。正當大家都在等著他下刀時，他卻突然仰面向坐在一旁的齊景公問道：「古代賢明的君主要肢解人時，您知道是從哪裡開始下刀的嗎？」

　　齊景公一聽，明白他的話是什麼意思了，趕忙離開王座，一邊搖手一邊說：「別動手，別動手！趕緊把這個人放了吧，都是寡人的錯。」那個人早已嚇得半死，等他從驚恐中回過神來的時候，知道是晏嬰救了自己，連忙向晏嬰磕了三個響頭，然後以最快的速度離開了。

晏嬰在齊景公身邊，經常透過這種正話反說的方法，迫使齊景公改變一些荒謬的決定。有一次，有個馬夫殺掉了齊景公曾經騎過的一匹老馬，原因是這匹老馬生了病後，久治不癒，馬夫害怕牠會把疾病傳染給其他馬，所以就把牠給宰了。齊景公知道後，心疼不已，然後怒火沖天地斥責那個馬夫，甚至還要親手殺了這個馬夫。

馬夫沒想到齊景公會為了一匹老病馬而殺了自己，嚇得面如土色。晏嬰在一旁看見了，連忙抓住齊景公手中的戈，對齊景公說：「你這樣急著殺死他，使他連自己的罪過都不知道就死了。我請求為你歷數他的罪過，然後再殺他也不遲。」齊景公說：「好吧，我就讓你處置這個混蛋。」

晏嬰舉著戈走近馬夫，然後對他說：「你為我們的國君養馬，卻把馬給殺掉了，此罪當死。你使我們的國君因為馬被殺而不得不殺掉養馬的人，此罪又當死。你使我們的國君因為馬被殺而殺掉了養馬人的事，傳遍四鄰諸侯，使得人人都知道我們的國君愛馬不愛人，落得了一個不仁不義之名，此罪又當死。鑑於此，非殺了你不可。」這邊晏嬰嘴裡還在說著，那邊齊景公卻突然對晏嬰說：「放了他吧，免得讓我落得一個不仁不義的惡名，讓天下人笑話。」就這樣，那個馬夫也被晏嬰巧妙地救了下來。

透過這兩個故事，你是否已經發現，運用「正話反說」，能透過放大對方的荒謬，讓對方更明白地看到自己荒謬的真面目，從而達到迅速有效地勸諫與說服對方的效果。

其實，「正話反說」之所以能產生如此大的效果，正是源於它「顯微鏡」似的作用。當你善於運用「正話反說」，就能在對方的荒謬之上再加上一層荒謬，令對方的荒謬看起來更加荒謬，從而令對方的荒謬無處躲

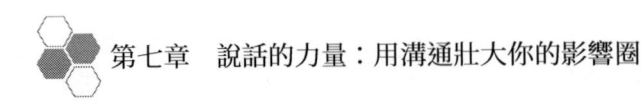

第七章　說話的力量：用溝通壯大你的影響圈

藏，讓對方馬上看得見，然後被你成功勸告或說服。總之，當你在用正面的說話方式去勸告、說服別人都沒有產生任何作用時，不妨試一試「正話反說」這一招。只要你正確運用了，這個說話方法一定會讓你非常驚喜。

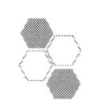

沒能力的講道理，有能力的講故事

　　講故事，是在用通俗有趣、淺顯易懂的方式，來表達深刻的道理。透過講故事的形式，更容易讓別人接受你的觀點、思想和原則，從而助你一臂之力。會講故事，能讓你更高效地達成你的目標。

　　每一個人都可以成為一個講故事的高手甚至大師。學會講故事吧，因為它是讓你獲得更多機會、肯定和成就的捷徑。很多時候，你說出來的好聽的故事，遠比那些大道理還要打動聽眾。

　　1939 年 10 月，時任美國總統富蘭克林．羅斯福和他的私人顧問薩克斯進行了一次頗具歷史意義的交談。受愛因斯坦等多位科學家委託的薩克斯，這次與羅斯福交談的主要目的，是要說服羅斯福重視對原子能的研究。

　　深知這次談話意義重大的薩克斯，一見到羅斯福，就把愛因斯坦寫給羅斯福的長信交給了對方。等羅斯福看完了長信，薩克斯馬上和羅斯福談到了多位科學家對核分裂發現的備忘錄。為了把事情講清楚，薩克斯特意把科學家們的意見、專業名詞、重要性都講了出來，希望能得到羅斯福的重視。

　　這個時候，「二戰」剛剛爆發了一個月。薩克斯由於極其想要說服羅斯福重視原子能的研究，所以越說就越急切，反而把羅斯福給說糊塗了，讓羅斯福越聽越覺得原子能的研究並不是那麼迫切。薩克斯說得聲嘶力竭，羅斯福卻認為，對方說的這些是滿有趣的，但政府現在就去干預這些研究，會不會過早了？

　　羅斯福的回饋態度，像一盆冷水般澆滅了薩克斯想要說服羅斯福的

第七章　說話的力量：用溝通壯大你的影響圈

熱情。眼看自己無論如何都說服不了羅斯福，他只好告辭。羅斯福看到他這般模樣，有些於心不忍，便邀請他次日早上一起吃早餐。薩克斯內心的希望又燃了起來，因為這相當於他還有機會去說服羅斯福。

當天晚上，薩克斯整夜都在想著怎樣去說服羅斯福，所以久久沒能入眠。第二天早上，薩克斯與羅斯福坐在了餐桌旁。羅斯福看到薩克斯還是一副很想要說服自己的樣子，就對他說：「今天不要和我談愛因斯坦的信，也不要談科學家們的看法，一句也不要談，我們只是好好地吃一頓早餐，好不好？」

聽了羅斯福的請求，薩克斯緩緩地點了點頭。他拿起面前的那杯開水，喝了半杯，清了清嗓子，然後對羅斯福說：「那就讓我來跟您講一個歷史故事吧。在英法戰爭時期，拿破崙在歐洲大陸上的優勢在海上戰爭中卻蕩然無存。這個時候有一位叫富爾頓的發明家找到了拿破崙，建議他把戰艦上的桅桿砍斷，撤去風帆，改用蒸汽機，並用鐵板換下木板。然而，拿破崙覺得船沒有帆是不能航行的，鐵板換下了木板船就會沉到海底去，所以，他認為富爾頓一定是一個瘋子，就把他轟了出去。」

看到羅斯福正在很認真地聽著，薩克斯頓了片刻，又繼續說道：「如果拿破崙當時能採納富爾頓的建議，那麼 19 世紀的歷史就要重寫了。」

薩克斯講完這個故事後，用深沉的目光注視著羅斯福。而此刻，羅斯福正陷入沉思之中。時間彷彿停止了。過了好一會兒，羅斯福從沉思中回到了現實，然後讓人取來了一瓶拿破崙時代的白蘭地，親自斟了滿滿一杯，然後遞給薩克斯，說：「你贏了！」此話一出，薩克斯頓時老淚縱橫。

薩克斯透過向羅斯福講這個故事，幫助美國翻開了原子彈製造歷史

的第一頁！如果薩克斯不是對羅斯福講這樣一個生動而真實的故事，而是繼續講那些讓羅斯福聽得雲裡霧裡的原子能方面的專業術語，薩克斯根本不可能說服得了學法律出身的羅斯福。可見，一個好故事的作用是多麼的大，意義是多麼的深刻。

對於一個好故事的重要性，美國前總統雷根是這麼認為的：「用故事或比喻誠誠懇懇地表達心意，要比用枯燥的事實或科學原理更能打動聽眾。」有人觀察發現，能力差的管理者講道理，能力好的管理者講故事。在美國《財富》雜誌評選的全球最受歡迎的前十位 CEO 裡，人們發現了他們有一個共同的特徵，都喜歡藉助寓言和故事來闡述管理理念。如果想成為一個有能力的管理者，就一定要學會講故事，把故事講得無比動聽，震撼心靈。

那些卓越的領導人和傑出的大人物都是講故事的高手。人們之所以願意追隨他們，一個很重要的原因，就是他們善於運用蘊含深刻寓意的故事與他人交流，讓聽眾感受到一種令人驚嘆的智慧，心靈不斷地受到震撼。另外，他們也很擅長用講故事的方式去描繪未來的美好前景，從而激發大家的鬥志，鼓勵人們永遠向前打拚。

1980 年代，曾有一位全球知名的社會學家預言，21 世紀將是「講故事」的世紀。如今看來，此言不假。在已經進入 21 世紀的今天，用講故事的方式說服人、教育人，儼然已是許多企業、組織統一團隊目標、提升團隊素養、鑄就團隊文化的最好形式。

企業追求打造自身文化的過程，通常表現為領導者以最經濟、最有效的講故事的方式，傳播自身思路、企業理念。這個過程能較為徹底地擺脫說教，擺脫抽象的理論，擺脫生硬的指令，而在相對輕鬆愉快、親

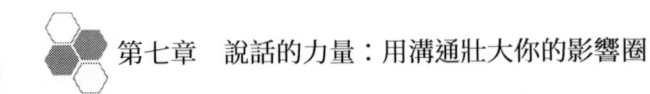

第七章　說話的力量：用溝通壯大你的影響圈

切隨和的氛圍中內化員工們篤定的信條。從這個意義上來說，我們可以斷言，未來的成功企業家必將是能生動地講述管理故事的高手。

如果你想讓自己更有個人魅力，不妨學會講很吸引人的故事；如果你想更容易說服別人，不妨學會講能迅速打動聽眾的故事；如果你想成為一個優秀的管理者，不妨學會講能震撼下屬們的故事；如果你想成為一個傑出的領導人，不妨讓自己成為一個很會講寓言和故事的人。

第八章
無畏前行：
擊破障礙，實現團隊夢想

第八章　無畏前行：擊破障礙，實現團隊夢想

● 我們總是把困難和問題想像得非常大

你是否也曾有過這樣的時候？面對著一個可能會讓你有更好發展的機會，卻因為捨不得自己當下安穩的工作與生活，最終選擇了放棄；面對著一個更好的選擇，卻因為懼怕未知的前方而躊躇不前，最終選擇了保持現狀。你的選擇看似明智，但果真如此？你是否想過，當你選擇了這些看得見的安逸與穩定時，你便已經放棄了收穫成功的可能。

每個人心中都有著對成功的嚮往，但很多人之所以沒有真正體驗過一次成功的滋味，很多時候其實是因為自己內心的恐懼在作祟。很多人還沒有邁出追求成功的第一步，就已經被所謂的「成功的難度」嚇到了，所以一直不敢邁出這第一步。這些人寧願過著不高不低不痛不癢的所謂的安逸生活，也不願意花一點力氣、不敢冒一點風險，去做那些「可望而不可即」的事情。

要取得成功確實不容易，但也未必就真的像有些人想像的那麼難。只要你相信自己配得上無比美好的未來，贏得成功這件事就肯定沒有想像得那麼難。其實，人生裡的很多事情，只要你克服恐懼，勇敢邁出第一步，碰到困難就解決困難，遇到問題就處理問題，不斷朝著正確的方向努力，堅持到底不放棄，那麼，成功必將屬於你。

在追求成功的路上，我們要突破的第一道障礙，就是恐懼。這是沒有辦法逃避但又沒有必要逃避的。什麼是恐懼呢？有人曾給恐懼下過這樣一個定義：恐懼是由那些相信某事物已降臨到他們身上的人感覺到的，恐懼是因特殊的人，以特殊的方式，並在特殊的時間條件下產生的。簡而言之，懼由心生，恐懼源於害怕，而害怕源於無知。就像那些怕鬼怕

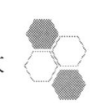

了一輩子的人，恐怕一輩子也沒有見過鬼，對鬼的懼怕只不過是自己嚇唬自己罷了。

可見，這個世界上，真正能讓人恐懼的，不是客觀存在的事物，而是自己內心的障礙。比如很多人在碰到一些棘手的問題時，常常會在腦海裡設想出許多在處理事情過程中可能產生的困難與問題。結果，想得越多，心裡就越感到擔憂甚至恐懼。但實際上，當你勇敢地去做時，你會發現，那些困擾你許久的問題與困難，可能根本都不存在。

我們總是把困難和問題想像得非常大。這是一種每個人或多或少都存在的心理障礙。要突破這種心理障礙其實也不難，最有效的方法就是，要做什麼事情，就趕緊付諸行動，勇敢地去做你想要做和必須做的事情，不要猶豫不決，不要給自己任何拖延的理由與藉口。當你養成了總在第一時間去行動的習慣後，你會越來越不害怕困難與問題，甚至會越來越享受與困難、問題對抗的樂趣。

第八章　無畏前行：擊破障礙，實現團隊夢想

● 世界上最大的謊言是「你不行」

　　在一家企業裡有兩個業務部門。第一業務部的部門經理總是用鼓勵的話來對待每一位員工，比如「你沒問題的」、「你一定可以的」之類的。第二業務部的部門經理剛好相反，在和員工們溝通時，他經常將「你肯定不行」掛在嘴邊，似乎不說這句話，顯不出他的權威似的。

　　結果，每個季度的業績，第一業務部的都是第二業務部的四倍多。老闆對此感覺很奇怪。在新的季度到來前，他決定把這兩個部門的一部分員工進行調換。結果季度結束後，第一業務部的業績還是第二業務部的四倍多。

　　在又一個新季度到來前，老闆決定把這兩個部門的部門經理對調一下，其他員工在原部門不變。結果，這個季度結束以後，變成了第二業務部的業績是第一業務部的四倍多！這時候，老闆終於明白，問題原來出在了部門經理身上。

　　其實，兩個部門的人員能力都差不多，可是一個是在積極的氛圍裡工作，一個則在消極的氛圍裡工作，久而久之，消極的那一方不再對自己的能力產生期許，不再相信自己也能創造出好的業績了。最後，老闆把那位經常愛說「你肯定不行」的經理辭退了。

　　曾有人說過這樣一句話：「謊言重複一千遍就會變成了真理。」試想一下，如果你身邊的每個人每天都在質疑你的能力，斷定你沒有前途，總喜歡跟你說「你不行」，長此以往，你本來心中熊熊燃燒的那團火焰，是不是就會慢慢變小，直至熄滅？

　　然而，無數事實證明，世界上最大的謊言就是「你不行」。只要你認

準目標，迅速採取行動，遇到問題解決問題，遭受困難處理困難，碰到矛盾化解矛盾，不斷向前努力，堅持到底，你就一定能實現目標，證明你做得到！

小施在一家雜誌社的業務部工作。其實他到這個部門還不久，對業務才剛剛熟悉了一遍。沒想到，有一天上午剛剛開始上班，部門經理就把他找去了。見到小施，經理便對他伸出了五根手指，並斬釘截鐵地說：「在這個月內，你要完成五個版面的廣告銷售。」

小施一聽之下，簡直不敢相信自己的耳朵。據他所知，這個部門裡一直以來只有工作五年以上的人，才有可能做到這種程度，但自己只是一個剛調到業務部不久的新人。他馬上把自己的擔心都跟經理說了。但經理卻問他：「你覺得自己沒有能力去完成這個任務嗎？」

他猶豫了一下，然後誠懇地說道：「是的。」「你還沒有去嘗試過，又怎麼知道自己做不到呢？」經理的這句話讓小施突然沒有了反駁的力量。正如經理所說的，他都還沒有去嘗試過，又怎麼知道自己做不到呢？

他從經理室出來，回到辦公桌後，便把全部的心思都放在了尋找客戶這件事情上。只見他拿出了一張A4紙，用鉛筆橫線豎線各畫了一條，總共分成了四個格。然後，他將目前手中感覺比較有把握的客戶劃分到第一格，把稍微有點把握的客戶劃分到第二格，把沒有把握但有實力的劃分到第三格，把既沒有把握也沒實力的劃分到第四格。劃分完成後，他一眼就能發現，第一格和第四格的人都很少，而第二格、第三格人數相對比較多。於是，他決定從第二格、第三格入手，接著，他計劃一天去拜訪兩家客戶。然後，他馬上開始行動。

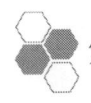

第八章　無畏前行：擊破障礙，實現團隊夢想

　　他個人的時間非常緊張，然而，客戶並不會替他珍惜他的時間。所以，他要充分利用好自己的時間。有一次，他在接待室等了兩個小時，才等來了預先約好的一位客戶。最終，客戶只和他洽談了十分鐘。不過，這十分鐘對他來說已經非常夠用了，因為在這十分鐘裡，他發現了有效打動該客戶的祕訣！

　　還有一次，他與某位客戶約的是上午十點鐘簽署合作意向書，但是塞車將他死死地困在了路上。見到這種情況，他二話不說就下了計程車，然後跑步離開了塞車的路段，然後再打車準時到達了目的地……這些事情，換做以前，他是絕對不會做的，因為他不相信自己能做到。

　　在還剩下五天這個月就要過去的時候，小施完成了一共六筆廣告訂單，比之前經理交代的任務還多了一筆。在工作例會上，當經理讓他分享自己的成功經驗時，他把經驗總結成為一句話：「當你相信自己做不到時，再簡單的工作都會做不好；而當你對自己充滿信心時，所有大門都是敞開的！」當他說完之後，會議室裡馬上響起了一片雷鳴般的掌聲。

　　只要你全力以赴、想方設法去做，你就一定做得到。世界上最大的謊言就是「你不行」。其實，只要你找對了方法，再加上堅持不懈的努力，無論你做什麼事情，你都「一定行」。

　　很多事情沒有人能做到，但不代表你做不到；即使有很多人說「你不行」，也不代表你真的不行。其實，無論對任何人來說，你的能力和潛力，都大得超乎你的想像。無論你遇到了什麼樣的困難，只要你能勇敢面對，然後想方設法自己解決或者尋求擅長解決此類困難的人幫助你去解決，你的困難便會迎刃而解。

　　我們很多時候對自己的能力有所懷疑，覺得自己辦不好某件事情，

原因很可能只是我們信心不足，勇氣不夠。一旦我們鼓起勇氣，勇敢面對，迅速行動，不達目標不罷休，我們就會發現，其實自己「很行」！

　　世界上最大的謊言就是「你不行」。當你還在以為自己不行的時候，很多人已經實現了自我價值，達成了自己的夢想，完成了自己的心願。所以，當你有了想要去實現的目標與夢想時，請馬上勇敢地去追求。當你相信自己一定能做得到時，你將會用你的成果向全世界證明，「你不行」只是一個偽命題而已。

第八章　無畏前行：擊破障礙，實現團隊夢想

●「剩者為王」：距離成功越近，越是路廣人稀

　　在這個世界上，每天都會有很多人無比接近成功，結果最後卻功敗垂成。這些已經走了「99步」的失敗者，不知道自己再堅持向前走「1步」，就可以走出黎明前的黑暗，迎來燦爛的陽光。他們認為自己差一點點就能成功，卻最後倒在了終點線前，完全是因為自己的運氣不好。如果運氣能好一點，他們肯定也能功成名就的。

　　但事實上，這些人之所以失敗，並不是沒有才華與能力，也不是沒有勤奮與努力，而是因為他們沒有堅持到底，咬緊牙關走到柳暗花明的那一天。他們在山重水複疑無路的迷茫裡，最終選擇了放棄。

　　成功，與其說是「勝者為王」，不如說是「剩者為王」。失敗是人生常事。但當我們失敗時，我們有沒有替自己找各種理由，或者進行各種毫無意義的假設呢？反正那些後來功成名就的人在曾經失敗的時候，往往都記住這樣一條：即使失敗了，不到最後一秒，也絕不輕言放棄。因為他們知道，堅持到最後未嘗不是成功的法寶。

　　很多時候，並不是困難阻擋了我們前進的腳步，而是因為我們喪失了鬥志，結果洩氣到底，一蹶不振，最後喪失了希望。要是我們能強迫自己堅持，堅持，再堅持，結果很可能會非常圓滿。

　　在我們身邊總能遇到一些半途而廢的人，你很難想像他們能夠做成什麼事情，因為他們每一次都是草草地開始，然後又匆匆地結束。他們總是目標搖擺不定，過程淺嘗輒止，做事三心二意，最後轉了一圈回來時，發現自己居然還在原來的地方，一事無成。

「剩者為王」：距離成功越近，越是路廣人稀

如果你想要成功，你就需要強迫自己去堅持。在你決定開始某件事之前，首先要慎重，要考慮清楚這件事究竟值不值得你去做。但在開始之後，就絕不可以隨隨便便就放棄。

在追求成功的道路上，同行者注定會越來越少。很多人認為成功需要堅韌不拔、心如磐石、百折不撓、鐵杵成針、堅韌不拔等。然而，這麼多與意志力相關的成語，其實都可以用另一個成語來代替，那就是「永不放棄」！因為在現實中，我們看到的很多成功者，其實也不見得有什麼過人的意志，他們只是認準了目標，跟準了「前輩」，走對了路，永不放棄，直到成功。所以，在追求成功這件事上，與其說是「勝者為王」，不如說是「剩者為王」。距離成功越近，越是路廣人稀！

第八章　無畏前行：擊破障礙，實現團隊夢想

● 經受住了考驗，逆境就會成為你的順境

在漫漫人生路上，每個人都難免會遭遇到逆境的考驗。如果你只是想著過庸庸碌碌的生活，也許遇到的逆境會少一些；如果你想要追求大成功，擁有大財富，就一定會時不時地出現一些逆境，對你進行考驗。

無論你是甘於平庸的人，還是追求成功的人，如果不能戰勝逆境對你的考驗，逆境就會變成你的絆腳石，把你絆倒在地上，讓你很容易在消極中沉淪。如果你能夠經受得住逆境的考驗，逆境就會成為你的順境，成為你追求成功、財富的墊腳石和向上的階梯。

在歷史上某一段公認的經濟不景氣的時期裡，有個做生意的年輕人一直覺得自己的事業之所以沒有起色，完全是因為市場不景氣。他有些消極地認為，除非經濟大環境有所改善，否則自己的事業不可能有好的轉機。在這段很多人都認為是經濟最不景氣的時期裡，有一天他信步來到了一條商業街。這時，他馬上被街上的兩家品牌服裝折扣店給吸引住了。吸引他的原因，是因為這兩家店的反差太大了：一家店裡人來人往，熱鬧非凡；另一家店卻門可羅雀，無人問津。

這個現象讓這位年輕人陷入深深的思考之中。為什麼在經濟如此不景氣的大環境裡，處在同一地段的兩家賣同類商品的店鋪，生意會有如此之大的差別呢？其中一家可以說絲毫沒有受到不景氣的大環境的影響，生意如火如荼；另一家卻誰都能看得出來，已經快要經營不下去了，離歇業的日子恐怕已經不遠。他決定要好好找一找產生如此大差別的原因，看看能不能對自己在做生意上有所幫助。

年輕人首先來到了生意非常好的那家服飾店。他還沒走進店門，就

已經發現裡面有很多人正在挑選衣服。當他一走進店門，便有店員熱情地向他的招呼：「您好！歡迎光臨本店！請問我能為您做些什麼呢？」態度非常友好。

「我先幫這位顧客拿衣服，您先看看，有什麼需要隨時可以找我們。」這位店員略帶歉意地對年輕人說，然後就和其他店員一樣，開始為有需要的顧客服務去了。這些店員對每一位顧客都是如此的服務周到，既不主動推銷，又不主動打擾。只有在顧客需要的時候，才會馬上出現在顧客身旁，為顧客排憂解難。顧客們看起來都很喜歡這家店裡的服裝，所以連結帳處都排起了長長的團隊。

第二天，年輕人又去到了門可羅雀的那一家服飾店。當他一走進店門，就聽到老闆扯著嗓門問他：「你要什麼？」好不容易進來了一個客人，在客戶挑選衣服的時候，老闆總顯得有些愛理不理，而且總想讓顧客買他認為應該買的那一件，因為那一件的利潤要更高一些。總之，這個人的服務態度很差，似乎和顧客的交易，只是一次性買賣，對是否要培養老顧客毫不關心。

對比完這兩家店的情況，年輕人似乎明白了點什麼。原來，再不景氣的環境裡也有人能賺大錢，再大的逆境對於有些人來說都不會成為逆境。因為他們擁有不受環境影響的成功祕訣。在做生意上，這些祕訣不外乎就是「想顧客之所想，急顧客之所急」，全心全意為顧客著想，讓顧客有一種「在這裡消費真美妙真快樂」的感覺。而有些在不景氣時代做得很失敗的生意人，即使在景氣的時候，他們的生意也好不到哪裡去。為什麼呢？因為他們心裡沒有顧客。

想到這裡，再加上那家生意好的店給他的一系列啟發，他開始想方

第八章　無畏前行：擊破障礙，實現團隊夢想

設法去解決生意上的難題。很快，他的生意便有了起色。再後來，他的生意也做得蒸蒸日上了。當自己的生意做得越來越好時，他感慨道，只要能想辦法解決難題，就能經受得住逆境的考驗。一旦經受住了考驗，逆境也會成為順境。

不要再認為逆境只是折磨你的手段。逆境固然會帶給你痛苦，但在逆境中，你的生存能力將會得到大幅度的提升，你成長的速度更會加倍。所以，珍惜每一次你遇到的逆境，想方設法利用好逆境，讓逆境成為你的順境。

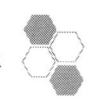

勇於突破自我：做害怕的事，直到成功為止

每個人對於未知的東西都會產生恐懼，這是與生俱來的。為什麼會這樣呢？因為我們不知道在與未知的東西打交道時，會遭受什麼樣的損失，會承受什麼樣的後果。所以，在面臨走進未知的未來還是停留在熟悉的現在的選擇時，大多數人都會選擇後者。

願意折騰自己的人永遠都是少數，大多數人都習慣了安於現狀。現狀即使有著種種的不如意，但至少是可以掌控的，看起來是安全的。除非萬不得已，否則一般人都沒有把自己置身於未知環境裡的勇氣。然而，不敢主動去做害怕的事，不能勇於突破自我，是不可能取得成功的。

毫無疑問，突破自我是需要勇氣、膽色的，因為這也是一種冒險，畢竟要面對很多未知的東西。只是，成功者往往在勇於突破、勇於嘗試的人中誕生。如果一直原地踏步，不敢邁出突破現狀的一步，又怎麼去進行嘗試呢？如果你下定決心要做一個成功的人，就一定要從現在開始，嘗試去做自己害怕但有利於自己成功的事，勇於突破自我，直到成功為止。

很多年前，在某所大學裡，新校長剛一上任，便把學生餐廳裡的清潔工老安辭退了。辭退老安的理由居然是：老安國小沒有畢業，教育程度太低，不配在大學裡工作。

突如其來的失業令老安手足無措，要知道，他在這所大學的餐廳裡已經做了二十年。在這二十年裡，他一直都是這個餐廳裡的一名清潔工，除了清潔工作，他根本沒有做過任何其他工作。更何況，他是一個

第八章　無畏前行：擊破障礙，實現團隊夢想

連國小都沒畢業的人，失去這份工作的他，今後又該如何解決生計問題呢？可以想像得到，此時的他內心有多麼恐慌。

老安正在一籌莫展時，突然聽說鄰居想把自己的雜貨店轉手出去。雖然從來沒做過生意，但已經走投無路的老安心想，這可能是自己一個謀生的機會。於是，他拿出自己所有的積蓄，以及被辭退時領到的資遣費，把鄰居的雜貨店給接手了過來。

在經營雜貨店的過程中，老安居然發掘出了自己做生意的天賦，很快就把雜貨店發展成了小超市。再後來，小超市又變成了大賣場；再後來，大賣場成為超市連鎖店！

許多年後，回憶起當初創業的契機，已經成為知名超市連鎖集團老闆的老安不禁感嘆道：「以前偶爾也想過，如果不做清潔工，然後去做一點更賺錢的事，會不會更好。但因為害怕改變，不相信自己有做生意的能力，所以經常對自己說『做個清潔工也不錯』，因此安於現狀，總是不敢邁出嘗試的第一步。也許我真該謝謝那位校長，正是他讓我必須去做我害怕的事，結果讓我發現原來我其實也有成功的能力！」

很多人在看到別人功成名就時，都會忍不住慨嘆自己，為什麼缺少成功的運氣，為什麼老天爺不眷顧自己。然而這些人卻不知道，自己一直沒有成功，是因為自己一直在拒絕成功的機會。

如果沒有突破自我的勇氣，哪怕你身懷絕世武功，也不會有用武之地。正如上述案例裡的老安那樣，曾經，只是做一名學生餐廳裡的清潔工就讓他甘之如飴，安於現狀了。雖然他也曾有過想要打拚的夢想，但對於未知的恐懼卻讓他拒絕了一切可能通往成功的途徑。直至有一天，現實將他逼到了絕境，他才不得不奮力一搏。沒想到這個時候他才發

現，原來成功不僅僅是一種能力，更是一種選擇的勇氣。

正如身處繭中的毛毛蟲，如果沒有掙脫外面那層繭的勇氣，根本不可能破繭成蝶，從而永遠也無法飛向藍天。人也一樣，必須首先克服內心的恐懼，去做那些讓自己害怕不已的事情，然後堅持一步步做下去，才能迎來真正的蛻變與成功，站在一個全新的高度上。

很多時候，不是成功不眷顧我們，而是我們不敢選擇成功。不敢選擇，是因為對未知的恐懼。所以，只有戰勝了恐懼，我們才能邁向成功。在戰勝恐懼的過程中，心理素養至關重要，只有內心強大的人，才能勇敢面對各種困難，然後想方設法戰勝這些困難，從而在一個充滿競爭與挑戰的領域裡，拼出一塊屬於自己的領地。而那些心理素養差、內心不強大的人，即使有嘗試的勇氣，也會因為不能突破自我，最終在不斷出現的困難面前敗下陣來。

有一家保險公司為了提升新員工的業務水準，為公司帶來更好的效益，便請了一些一流的業務高手來培訓他們。沒想到，經過半年多培訓的這批新員工，在接下來的半年裡，一個又一個選擇了辭職甚至改行！

公司高層百思不得其解。最後，還是老闆的一位心理學家朋友向大家提供了一個可靠的答案：經過培訓，新員工們的確培養了高超的業務水準，但他們卻缺少了保險業務員最重要的素養——眾所周知，想做保險業務員就必須擁有極強的心理承受能力，這樣才能讓他們在推銷保單時忍受旁人的白眼和一次次的失敗。成功最需要的很可能不是嫻熟的技能、淵博的知識，而是強大的心理素養。

其實我們觀察一下那些取得了巨大成功的人就能夠發現，成功的人未必有著比其他人更嫻熟的技巧或者更聰明的頭腦，但他們必定擁有強

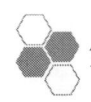

第八章　無畏前行：擊破障礙，實現團隊夢想

大的心理素養、百折不撓的精神和越挫越勇的樂觀態度。因為成功的道路上布滿了失敗與挫折的陷阱，哪怕你再小心，都會不可避免地掉落其中，如果你內心不夠強大，心理素養不過關，那麼在這些挫折與失敗的打擊之下，很可能還未抵達成功的彼岸，便已經在半途上自動選擇了放棄。

人們都喜歡成功之後的果實，卻又都害怕面對通往成功的路上必然要遇到的各種未知、危險和失敗。然而，如果你想要吃到成功的果實，就一定要勇敢地去面對你害怕的事，勇敢地向前邁進，不斷地突破自我。

很多時候，在你勇敢嘗試、不斷突破自我的過程中，往往會挖掘自己身上巨大的潛能、天賦，幫助你度過一個又一個難關，克服一個又一個困難，笑對一個又一個失敗，最終吃到成功的果實。

勇敢去做那些你害怕做的事情吧！勇敢去嘗試那些令你恐懼的東西吧！勇敢去突破自我吧！當你戰勝了過去的自己，戰勝了未知的恐懼後，你會發現自己正在不斷的蛻變中迎接著燦爛輝煌的明天的到來！

勇於挑戰不可能，主動磨練出最好的自己

世界上總會有一些喜歡投機取巧的人，也總會有一些願意腳踏實地做事的人，還總會有一些勇於挑戰不可能、事事衝到最前面、想方設法完成艱鉅任務的人。

無論在生活還是工作中，面對那些看似無法完成的任務，或者不可能完成的任務時，只要有最後一種人出現，事情就總會向良好的方向發展，且最終會把可能無法完成的任務準時完成，把看起來不可能完成的任務圓滿達成。

維特是紐約某公司的一名生產工人。他剛入職這家公司時，這家公司的規模還很小，只有三十多人。當時公司正面臨這樣的難題：許多市場迫切等待開發，但公司卻沒有足夠的財力與人力。

維特了解到公司的這個現狀後，馬上主動請纓，申請加入公司的行銷團隊中去。當時，公司正在應徵行銷人員。透過各項測試後，結果顯示維特確實也很適合從事行銷工作，於是行銷部經理就同意了維特的申請。

由於人手實在有限，公司只能讓一個人去開發一個地方的市場。維特被派往了美國西部的一個城市。他馬上隻身去了那個陌生的城市。在那裡，他不認識任何人，剛開始時甚至連吃住都成了問題。無論面對任何困難，維特都沒有過絲毫退縮。沒有錢搭車，他就步行，一家客戶一家客戶地去拜訪，向他們推廣介紹自己公司的產品。為了等一個約好見面的客人而餓肚子，對他來說是常有的事。

在這座陌生的城市裡，維特過得異常艱苦。他租住的是某戶人家閒

第八章　無畏前行：擊破障礙，實現團隊夢想

置的車庫，只有一扇捲簾門，沒有電燈，晚上一旦關上門，屋裡就沒有一絲光線了。這座城市的氣候條件也極其惡劣：春天經常刮沙塵暴，夏天經常下冰雹，冬天卻經常下雨。

生活在如此艱難的環境裡，想法上不動搖是不可能的。但每當意志動搖時，維特都會對自己說：「這是我主動選擇挑戰的，我必須忠誠於我的承諾，忠誠於我從事的這份工作，我要對它負責，無論遇到任何困難，我都不能拋棄它！我要做的是想辦法戰勝困難。」

一年後，被派往各地的行銷人員陸陸續續都回到了公司總部。在這其中，有六成的人早已不堪工作的艱辛與生活的重負，悄悄地離職了。最終，在統籌全年業績的時候，維特的業績非常耀眼，因為他排在了全公司所有人業績裡的第一位。換言之，維特成為公司裡的業績冠軍。業績最好的員工當然應該得到最好的回報。公司給了維特很豐厚的獎勵。三年後，維特成為公司的行銷總監。而這個時候，公司已發展成為一個擁有上千名員工的企業了。

維特主動選擇挑戰自己，去到異常艱苦的環境，最後不但堅持了下來，還超額完成了「不可能」的任務，成為業績冠軍。

為什麼維特能做到這些？因為他擁有勇於挑戰不可能的精神，所以才會勇於主動去最艱苦的地方開拓市場，無論遇到了什麼樣的艱難困苦，都無所畏懼，然後想方設法地解決遇到的問題與困難。因此，他才會成為公司的業績冠軍，才會被公司重用。

勇於挑戰不可能，更容易追上成功的步伐。因為在挑戰不可能的過程中，你的所有潛能都會被充分地發揮出來，你的能力會被迅速提升到很高的程度，從而幫助你大大縮短與成功的距離。

勇於挑戰不可能，主動磨練出最好的自己

讓自己去挑戰不可能，主動逼迫自己去做最好的自己，雖然看似對自己過於無情，但如果你想要成功，這是必經之路。當你各方面的能力都迅速提升到了很高的程度後，你就會擁有強大的競爭力，能夠有資格成為你對手的人都會越來越少。正是因為勇於挑戰不可能、逼迫自己做最好的自己有如此大的好處，所以那些真正意識這一點的人，才會主動找機會挑戰不可能，在更短的時間裡做最好的自己。

老羅斯福是美國歷史上公認的意志最堅定的領導人，他也常常自詡為「自我塑造的人」。但沒有人天生偉大，老羅斯福也並非生來如此。老羅斯福小時候被氣喘病所困擾，虛弱得甚至連吹滅床頭蠟燭的能力都沒有。關於自己的童年，他是這樣形容的：「一個體弱多病的男孩和一段悲慘的時光。」當時他父母甚至不敢肯定他能否長大成人，好在他還是長大成人了。據他回憶，他小時候既虛弱又笨拙，所以對自己毫無信心。對他來說，當時迫在眉睫的是訓練自己的身體，強化自己的意志和精神。當時，小小年紀的他就已經明白，要想成為自己希望的那種人，就必須透過主動挑戰「不可能」來進行自我磨練，從而塑造強大的自己。

在詹姆斯‧斯特羅克（James Strock）撰寫的《羅斯福的領導藝術》（*Theodore Roosevelt on Leadership*）一書裡，我們能看到老羅斯福是怎樣努力地進行自我塑造的：「泰迪（老羅斯福暱稱）振作了起來，為發揮出自己所有的潛能，他聽取了父親的教誨：『你必須重新塑造你自己的身體！』……人們沒有選擇原地踏步的權力；在奮鬥的一生中，無所事事只會成為致命傷。」

不斷挑戰「不可能」、努力逼迫自己磨練成最好的自己的老羅斯福，後來成為美國歷史上最年輕的在任總統；由於成功調停了日俄戰爭，他獲得了諾貝爾和平獎，同時他也是第一個獲得此獎項的美國人；他被美

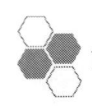

第八章　無畏前行：擊破障礙，實現團隊夢想

國權威期刊《大西洋月刊》評為影響美國的 100 位人物之一，並且排在了第 15 位；他的獨特個性和改革主義政策，使他成為美國歷史上最偉大的總統之一。

著名記者亨利每每回憶起自己與老羅斯福的談話，總是充滿敬佩之情，他對老羅斯福說過的話一直記憶猶新：「關於我一生經歷的各種戰役，人們談論很多。其實，最艱難的一場戰役只有我一個人知道，那就是戰勝自己的戰役。」老羅斯福對自我的磨練貫穿了他的一生，無論是朋友還是敵人，都公認他的果敢和堅韌。

為了讓自己變得更出色，變得足智多謀、不屈不撓，更為了充分發揮我們的潛能，我們唯有透過自我錘鍊來實現從平庸到優秀的蛻變。當你能夠主動挑戰自己、逼迫自己、磨練自己時，你會發現我們比想像中要強大得多。

主動挑戰「不可能」，主動逼迫自己，磨練自己，讓自己跟自己較量，最終的目的是要戰勝自己，戰勝自己身上一切拖自己成功後腿的東西。挑戰、逼迫、磨練過自己之後，我們會發現自己身上竟蘊藏著如此巨大的潛力、天賦，就如同火山內部沸騰的岩漿一樣隨時準備著噴薄而出，也只有這樣才能讓我們獲得許多意想不到的巨大好處。

勇於面對危機，把握好裡面潛藏的機遇

我們每個人恐怕都遭遇過或大或小的危機。在遭遇危機後，有些人靠自己的能力戰勝了危機，大多數人則是藉助他人力量的幫助才最終度過了危機。當我們解決不了的危機降臨到我們身上時，很多人都會焦慮不安，怨天尤人，逃避困難甚至坐以待斃。這些都是不可取的，不但改變不了任何現狀，還會讓危機不斷加深、蔓延。正如剛才所說，假如你自己解決不了危機，完全可以尋求幫助。

危機其實並不可怕，可怕的是對危機的恐懼感。如果在危機到來的時候，我們能夠沉著冷靜地思考對策，敏銳機智地化解危局，很可能會從中發現對我們發展非常有利的契機。切記，「危機」這個詞也可以理解為「危險＋機遇」。如果你能夠成功地處理掉「危險」，然後把握住「機遇」，你反而能從中收穫巨大的成功。很多企業界的成功人士，都有過勇於面對危機，然後透過發現和把握危機裡面潛藏的機遇，最後大賺特賺的經歷。

對於依靠種植棉花為生的棉農來說，如果出現了象鼻蟲災害，無疑是一場巨大的災難。象鼻蟲是北美洲地區棉花田裡的一種害蟲，只要棉花沾染上了這種蟲害，棉農就會損失慘重。然而，美國阿拉巴馬州有一次發生的一場特大的象鼻蟲災害，不但沒有讓這個州遭受滅頂之災，還迎來了前所未有的經濟繁榮。

據史料記載，1910 年，一場特大的象鼻蟲災害狂潮般地席捲了美國阿拉巴馬州的棉花田，這種害蟲到處肆虐，令成千上萬頃棉田毀於一旦。棉農們遭受了巨大的經濟損失，當地的經濟發展受到了重創。阿拉

第八章　無畏前行：擊破障礙，實現團隊夢想

巴馬州是美國主要的產棉區，那裡的人們世世代代靠種植棉花為生。每次發生象鼻蟲災害，棉農和該州的經濟都會受到不同程度的損失。這次的特大災難讓棉農們意識到，僅靠種植棉花為生風險太大了，一旦爆發像這次一樣嚴重的災難，所有人都會受到毀滅性的打擊。

從那次特大災害後，當地很多人都開始尋找新的出路，有不少人開始種植起了玉米、大豆、菸葉等農作物。儘管棉花田裡還有像鼻蟲，但由於田地裡播種了多種農作物，只要少量的農藥就可以抑制。最令當地人興奮不已的是，多種農作物的經濟效益遠遠高於單純種植棉花。自從種植起了多種農作物後，農民的收入普遍都增加了4倍以上。阿拉巴馬州從那時候起大力發展多種經濟作物的種植，結果這個州的經濟從此走向繁榮，老百姓們也變得越來越富裕。

後來，當地人認為，這裡經濟的繁榮應該歸功於那場象鼻蟲災害，正是象鼻蟲讓他們學會了在棉花田裡套種別的農作物，正是這場災難讓他們得到了發展經濟的大好機遇。所以，阿拉巴馬州政府決定，在當初象鼻蟲災害的始發地建立一座高大的紀念碑。而碑身的正面用英文寫上了這樣一行金色的大字：「深深感謝象鼻蟲在繁榮經濟方面所做出的貢獻！」

沒有人願意遭受危機，但當危機降臨到我們身上時，我們是否能主動面對危機，然後想方設法處理掉其中的危險，同時從中發現並把握住裡面潛藏的機遇呢？一個人能否化解危機並發現其中的機遇，才是他能否獲得財富、贏得成功的關鍵。所以遇到危機的時候，不要怨天尤人，更不要坐以待斃，而應該以積極的心態去面對危機，拿出更大的勇氣和智慧來，發現危機裡潛藏著的機遇，然後好好地利用這個機遇，作為我們成功的轉機。

第九章
命運的拼圖：
努力是最強的底氣

第九章　命運的拼圖：努力是最強的底氣

▎那些才華橫溢的人都那麼拚命，我們怎能不努力

相信很多人都知道《龜兔賽跑》的寓言故事。一隻烏龜和一隻兔子進行跑步比賽，兔子跑得很快，一下子就跑到前邊去，連影子都看不到了。烏龜跑得很慢，但一直都在努力地往前跑。然而，兔子跑到半路上時看到烏龜還遠遠沒有趕上來，所以就偷懶睡了一覺。結果，當兔子醒過來再往終點處跑去的時候，烏龜已經在那裡等著兔子了。

不知道這則寓言故事是諷刺兔子的懶惰，還是讚美烏龜明知不敵依然永不放棄，最後堅持跑到了終點，意外獲勝。如果是前者還得過去，如果是後者，烏龜的獲勝就實屬偶然。當然，寓言畢竟只是寓言，無論想表達什麼意義都無可厚非。

在現實社會裡，如果我們用「兔子」來形容那些學歷很高、才華橫溢或者家境很好的人，用「烏龜」來形容學歷一般、才華一般、家境一般的人，那麼我們面臨的真實狀況往往是，每一隻「兔子」都在努力奔跑，並沒有整天睡懶覺。反而有些「烏龜」因為安於現狀，追求所謂的安穩生活，不敢直接參與競爭，結果不但沒有加快速度，反而跑得更慢了。

只要我們稍為留心就會發現，那些占據人群裡數量比較少的「兔子」們，比占據人群裡數量比較多的「烏龜」們要努力多了。無論我們承不承認，這都是我們無法忽視的一個事實：那些遠比我們有才華的人，往往比我們更拚命。

汽車修理工白登自從進入某汽車修理廠工作的第一天起，就沒停止過抱怨。每個和他打過交道的人，都聽他抱怨過。什麼事情都會成為他

抱怨的對象和內容。例如：他會抱怨工作環境太差，抱怨工作太累太讓他討厭，抱怨薪水太少等等。

在工作的時候，白登表現得也不像是一個合格的員工。只見他在工作過程中常常表現得有氣無力的樣子，做事慢慢吞吞的；對工作也不認真，馬馬虎虎的，還愛偷懶耍小聰明。他每天都像是被迫來上班似的，看到他工作得如此煎熬，大家都替他難受。

時間過得很快，白登居然已經在修理廠裡工作了三年。當初與白登同時進廠的三個工友，各自憑著精湛的手藝，或另謀高就，或被公司送進大學進修，只有資質平庸的白登，依然天天在抱怨聲中做著他討厭的修理工。

本身資質平庸，還愛整天抱怨，這樣的人就好像戴了一頂有破洞的舊草帽，偏偏又遇上了一場傾盆大雨，會面臨一場雙重「災難」。如果自己什麼都不如別人，還不好好努力，反而寄希望於那些才華橫溢或別的條件比我們好的人「睡一個懶覺」，這樣的願望恐怕要落空了。

其實，世界上到處都是有才華的成功人士。可怕的是這些有才華的成功人士，無論是過去、現在甚至將來，都要比絕大多數人要勤奮努力得多！我們不妨看一看世界網球巨星喬科維奇在其自傳裡寫的這幾段話，看看他每一天都是怎樣度過的：

「我每天早上起床後會先喝一杯水，然後開始做20分鐘的伸展，有時會再做一下瑜伽或者打太極拳。我的早餐是經過精密設計的，這讓我的身體有足夠的能量去面對這一天 —— 每天早上幾乎都是一模一樣的。接著我會在八點半左右和教練以及物理治療師會合。然後，他們會時時刻刻都與我形影不離，盯著我吃的喝的每一樣東西，盯著我的每一個動

第九章　命運的拼圖：努力是最強的底氣

作，直到我上床睡覺。他們一整年來天天陪著我，無論是在 5 月的巴黎、8 月的紐約，還是 1 月的澳洲。

我每天早上要跟陪練夥伴對打一個半小時，中間用溫水補充水分，會吸幾口防護員為我特別調製的運動飲料。他會按照我每天的需求，仔細斟酌維他命、礦物質和電解質的量。然後我再做伸展、按摩，接著吃午飯──避開精緻澱粉和蛋白質，只吃適合我的無麩質、無乳製品的碳水化合物。

再就是負重訓練時間，用啞鈴或彈力帶練 1 個小時左右──每一組動作都要用高磅數彈力繩、低重量啞鈴做一遍，最多要做 20 組動作。下午會喝一杯物理治療師調製的高蛋白飲料，含有萃取自豌豆的醫藥蛋白。接著再做一次伸展，然後是另一堂訓練課程，練球 90 分鐘，看著發球和回球有沒有不順或動作走樣的地方。然後再做第四次伸展，也可能再按摩一次。

到了這個時候，我已經連續訓練接近 8 個小時，還有一點時間參加公關活動，通常是記者會或小規模的慈善活動。然後就吃晚飯──高蛋白、沙拉，沒有碳水化合物，沒有甜點。之後我可能會看書 1 小時左右，通常是自我提升或心靈冥想方面的書籍，或者是寫日記。最後，上床睡覺。這就是我『休假日』的樣子。」

早已經功成名就、天賦滿滿的喬科維奇，卻將每一分每一秒都用在了刻苦努力上，甚至連休假日都如此努力，這讓我們又一次感慨，那些比我們有才華甚至比我們成功得多的人士，卻比我們還要拚命，我們又怎能不努力呢？只可惜，世界上人數更多的是不怎麼努力卻總愛誇誇其談自己有多辛苦、多不容易的人。

那些才華橫溢的人都那麼拚命，我們怎能不努力

　　美國「超級模特」卡莉·克勞斯與其他超級模特不一樣的是，除了顏值很高、身材火辣外，她還是一名「學霸」。她的人生本身就可以稱得上是「開掛的人生」，她是「維多利亞的祕密」內衣品牌的簽約模特，卻在最紅的時候急流勇退，和維密解約。她將學業當作是最重要的事情，於是，這位超模上了紐約大學，在那裡學習如何編寫程式。

　　在喬科維奇、克勞斯這樣的人面前，我們確實只是一個普通人。然而，這些才華橫溢、天賦滿滿甚至功成名就的人物都沒有浪費過自己的人生，他們一直都是那麼的拚命努力，作為一個普通人，我們又有什麼理由不努力呢？

第九章　命運的拼圖：努力是最強的底氣

● 最怕你做做樣子，還以為自己非常努力

　　時不時會聽到有人這樣抱怨：「為什麼我這麼努力，還一事無成？」「我付出了那麼多，回報卻那麼少，老天爺真不公平！」「我每天第一個來到公司上班，最後一個下班離開公司，我這麼努力，為什麼老闆卻從來都不重視我？」

　　其實，如果你真的努力到了一定程度，不可能一事無成；老天爺是很公平的，如果你真的付出了足夠的努力，老天爺一定會給予你足夠多的回報；你如果是公司裡最努力的人，老闆是一定能看得見的，如果老闆一直不重視你，說明你還不是很努力。

　　很多時候，我們以為自己非常努力，其實只不過是做做樣子而已！每天花20個小時看武俠小說、言情小說，也是在看書，但這樣的努力付出得再多，也不會讓你考上名牌大學。你說你付出了很多，付出的地方對嗎？如果你整天都是事倍功半甚至在做無用功，你做得再多也不會有什麼回報。你來公司再早、離開公司再晚，如果不能想方設法做出好業績、提供好成果，就不能稱之為努力！

　　努力是什麼樣子的呢？我們不妨看看下面這幾個人的努力：

　　今年70歲的成龍，主演過幾十部電影，其中大多數都是動作片。在片場裡，成龍的幹勁讓每個人豎起大拇指，2016年更獲得美國「奧斯卡終身成就獎」。他拍動作戲從來不用替身，很多極其危險的動作都是自己親自來完成的。相比於現在有些年輕演員動輒就用替身的種種表現，簡直是一個天上，一個地下。

　　臺灣資深出版人何飛鵬在工作上有著近乎執拗的認真精神，這在業

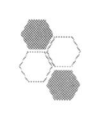

界有口皆碑。1978 年,何飛鵬開始進入臺灣《工商時報》工作。當時還是新記者的他,沒有多少從業經驗,但每天工作都熱情高漲。第一天出去做採訪時,他八點鐘就從報社出發了。然後他在一天時間內拜訪了八間公司,中午只在路邊攤簡單地吃一碗麵,然後又騎著機車繼續去採訪。當時大家都說:「沒見過這麼認真的記者。」

剛開始時,何飛鵬的專業知識不足。為了能在採訪中與受訪對象的很好地交流,他想到了一個「笨方法」,就是把對手報紙《經濟日報》通讀了一遍,一個字都不放過,這些專業名詞像天書一樣在他腦海裡打轉,但他還是硬讀了下來,連廣告也不放過,如果碰到不理解的,就先死記硬背下來。但他的這個方法奏效了,一段時間後,他已能把各種專業詞彙把握得挺準確了。如果你能做到像何飛鵬一樣的拼,可能成功離你已經不遠了。但事實往往是,我們總在假想自己很拼很努力。

最怕你做做樣子,還以為自己非常努力。真正的努力,並不是靠嘴巴說說而已。真正的努力,周圍的人都能很容易看得出來。真正的努力,是由心而發的,而不是只浮於表面。真正的努力,是用高效的工作、優異的業績、亮眼的成果來證明的。

網路上有這樣一句話,說得非常有意思:「減肥沒有那麼容易,每塊肉都有它的脾氣。」相信那些準備開始減肥、正在減肥或者已經減肥成功的人,對這句話體會最深。有一些胖了很多年、怎麼減也減不下來的人經常感慨道:「減肥之難,難於上青天。最開始時,意志力最堅強,可以做到餓著肚子也堅持不吃,運動到全身痠疼也大喊不放棄,但是隨著時間的推移,日子一天比一天難熬,開始那些感覺尚能堅持的事情,後來卻變得越來越困難。」

A 君的減肥之路也很類似。第一週,他能做到每天早餐吃一顆水煮

第九章　命運的拼圖：努力是最強的底氣

蛋，一片麵包；中午吃少許青菜，一碗湯；晚上吃一顆蘋果，一杯牛奶；另外健身房跑步一個小時，加器械一個小時。但是第二週他安慰自己上班需要能量，不能在吃飯上虧待了自己，於是放棄了減肥食譜，運動還在堅持。第三週他連運動也堅持不下去了，他發現運動完更加餓，根本受不了。於是，他的減肥之路只走了三個星期，便「無疾而終」。

我們自以為的努力，其實又何嘗不像失敗的減肥一樣呢？例如：有人為了考公職，第一天晚上可以認真讀書兩個小時，第二天晚上則一邊聽歌一邊看書，第三天晚上乾脆看十分鐘書，玩了半個小時線上遊戲，然後又看十分鐘書，之後便睡著了，第四天乾脆把書放回了書架，放棄了。但當我們和他人談起這件事時，我們也會說自己真的很努力了，只是最後沒有成功。

最後，讓我們來看一看那些從來不做樣子、每天都在拼的人，具體是怎麼做的。先為你介紹史蒂芬‧愛德溫‧金，美國著名暢銷書作家，以高產著稱，獲獎無數，很多部小說都被改編為了電影或者電視劇。例如：我們熟知的經典電影《刺激1995》就改編自他的小說。據說，他每年只有三天不寫作，其他的日子裡每天都在寫作。這三天分別是他的生日、聖誕節以及美國獨立日。再為你介紹村上春樹，日本著名作家，一生都執著於兩件事：寫作和跑步。他可以伏案寫作五六個小時，也會每天跑10公里，這一堅持就是很多年。

最怕你做做樣子，還以為自己非常努力，除了浪費時間，辜負青春，什麼好結果都沒有。那些取得了巨大成就的人，無一例外都是在過去付出了實打實的努力的，而且是數年、十數年甚至數十年如一日地堅持努力，難怪他們會取得絕大多數人都無法企及的偉大成就。如果你也要有所成就，就請馬上開始實實在在地努力，堅持不懈地努力。

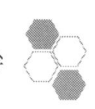

為了夢想不變成鏡花水月，你必須努力打拚

無論是誰，年輕時都一定擁有過一個夢想。很多人在年輕的時候也都曾為了夢想的實現，付出過或多或少的努力。但在追求夢想成真的道路上，有些人在半途中就已放棄了，有些人在遭遇失敗後便不敢再做夢，更有些人在還沒有踏上這條道路之前，就已打了「退堂鼓」！到最後，真正實現了自己夢想的人，少之又少。當一個人踏入中年的門檻後，便不再喜歡談夢想，這個年紀的人們，都開始喜歡談生活了。

追逐過夢想的人，哪怕最終失敗了，有些不甘心，卻也至少沒有遺憾。最可悲的是那些尚未看到結果就放棄的人，他們永遠不會知道，在追逐的盡頭，等待他們的究竟是功敗垂成的落寞，還是夢寐以求的成功果實。

對於那些沒有實現夢想的人來說，每個人都有各自放棄夢想的理由。這些理由，有的看起來挺無奈，有的看起來挺可笑，也有的看起來挺可悲。有的人曾夢想成為歌唱家，卻因為不可避免的意外而失去了優美的聲線，結果夢想破碎，這種情況著實令人嘆息。有的人曾夢想成為一個記者，卻因為家人的強烈反對而最終選擇考高普考，成為一名公務員，因為這樣的原因導致夢想的破碎，實在讓人同情不起來。有的人夢想成為一名當紅明星，然而除了整天把自己打扮得花枝招展，想著什麼時候被「有眼光」的星探發現之外，沒有任何別的努力與付出，結果最後夢想破碎，這樣的結局其實再正常不過。

如果你也曾有過夢想，並且還為它努力付出過，最終你的夢想卻難逃成為鏡花水月的命運，那麼在感嘆與悲傷之前，請先想一想，你的夢

第九章　命運的拼圖：努力是最強的底氣

想是如何破碎的，你曾為你的夢想付出過什麼，努力過什麼。如果你只是按部就班地像所有人那樣生活，如果你只是把實現夢想的希望寄託於命運與機遇，那麼即使你的夢想成為鏡花水月，你也沒必要悲傷，因為你真的只是把夢想當成了一個白日夢而已。如果你把夢想當成是你年輕時生活中最重要的東西，你一定會付出所有，不斷打拚，直到夢想成真為止，否則是絕對不會讓夢想成為鏡花水月的。

休斯‧查姆斯在擔任美國國家收銀機公司業務經理期間，公司曾一度遭遇財政危機。如果這次危機處理不好，很可能導致他手下的上千名員工集體失業。當業務員們都知道了公司發生財政危機的事後，其中的很多業務員都失去了工作熱情，開始敷衍了事。這很快便導致公司的營業額直線下降。看到情況越來越嚴重，公司業務部門只好馬上召開全體員工大會，在美國各地的業務員都被通知回來參加。查姆斯負責主持了這次會議。

會議開始後，查姆斯首先請幾位曾經的業務高手站起來，要求他們說一下銷售業績下跌的原因。他們每個人都有一段理所當然的悲慘遭遇：市場大環境疲軟、沒有足夠資金進行促銷、人們希望美國總統大選結果揭曉後再去買東西等等。當第五位業務員開始講述自己遇到的種種困難時，查姆斯突然站到了會議桌上，然後高舉雙臂，示意大家安靜。然後他說道：「諸位，我宣布大會暫停 10 分鐘，請允許我把我的皮鞋擦亮一下。」他剛說完，一位黑人擦鞋匠便來到了他面前，開始幫他擦了起來，而他就站在會議桌上一動也不動。

大家都驚呆了，有些人以為查姆斯腦子出問題了，便開始竊竊私語。與此同時，那位黑人擦鞋匠絲毫不受影響地工作著，整個過程都表現出了第一流的技術。皮鞋擦完之後，查姆斯給了他 10 美分，然後繼續

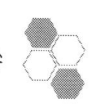

他的會議。

「我希望你們每個人都好好看看這個年輕人。他得到了在我們整個工廠及辦公室裡擦皮鞋的特權。在他之前，做這項工作的是一位白人，年紀比他大。儘管公司每週補貼給他 5 美元的薪水，而且我們公司有數千名員工，但他仍然無法賺到基本的生活費用。而現在的這位小哥，他不需要公司補貼，就可以賺到相當不錯的收入，每週都能夠存下一些錢來，儘管他和他的前任的工作環境以及工作對象完全相同。那麼現在我想問問大家，之前那位擦鞋的白人小哥賺不到更多的錢，是誰的錯？是他的錯，還是他顧客的錯？」

「當然是他的錯！」業務員們大聲回答。

「正是如此。現在我想說的是，你們現在工作的大環境和一年前相比，幾乎沒有變化：同樣的地區、同樣的對象，以及同樣的商業條件。然而，你們的銷售業績卻一落千丈，這是誰的錯？是你們的錯？還是顧客的？」

「當然是我們的錯！」業務員們又一次大聲回答。

「很高興你們願意承認自己的錯誤。你們的錯誤在於，當聽到關於公司財政危機的謠言後，工作熱情便衰退了，你們不再像之前那樣努力了。事實上，只要你們回到自己的工作職位，並保證在 30 天之內，每人賣出 5 臺收銀機，那麼，公司的財政危機就解除了，而你們也將獲得很大的收益。你們願意這樣做嗎？」

「當然願意！」大家又是異口同聲，事實上後來也果然辦到了。那些他們曾經強調的種種困難通通消失了，在下一個月，所有業務員都超額完成了任務。

第九章　命運的拼圖：努力是最強的底氣

無論是年輕時夢想的破碎，還是職場裡工作沒有做好，很多人都首先會把責任推卸到別人身上。例如：夢想變成了鏡花水月，他們就會怪社會，怪父母，怪命運，怪運氣，怪老天爺。又如，工作出了紕漏，他們會認為責任在某某同事身上，或者在某某主管身上，或者在某某下屬身上，又或者是市場的原因等等。他們就是不認為主要原因在自己身上。

然而，所有為失敗尋找的理由、藉口，都不過只是平庸者對自己不思進取的粉飾，對於不願盡力的人來說，工作終究只是工作，夢想終究只是夢想。

世界從不曾為難你，但世界也絕不會無緣無故給你優待。面對破碎的夢想，忙著去責怪其他人之前，先好好想想，你究竟曾為了它付出過什麼，你的付出又是否對得起你的渴望。歸根到底，如果你想讓你的夢想實現，不會成為鏡花水月，就一定要不斷為之努力打拚，就像那位黑人擦鞋匠一樣為了自己的夢想而踏踏實實地努力。

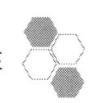

成功沒有偶然：一切逆襲，都是有備而來

　　人們很喜歡用「逆襲」這個詞來形容人生翻轉。怎麼理解「逆襲」這個詞呢？剛開始時大家都不看好的某個人（或者團隊），後來卻像黑馬一樣超越了包括種子選手在內的所有競爭對手，成為最後的終極大贏家，這樣的出乎大多數人預料的轉折過程，就叫做逆襲。

　　如果要舉一個很有代表性的逆襲成功的例子，首推明太祖朱元璋的成功歷程。朱元璋從小無父無母，無依無靠，很小的時候就當了一個小乞丐，後來快要過不下去了，就出家當了一個小和尚。十幾歲的時候出來當兵打仗，小命隨時不保。再後來帶著一支軍隊與陳友諒爭天下，險些失敗。但到了 40 歲的時候，他卻當上了明朝的開國皇帝！在中國那麼多皇帝裡，朱元璋的出身算是最低微的了，所以稱得上是最強逆襲。

　　有人認為，逆襲才是成功中的成功，因為這說明該成功者是在一無所有甚至四面楚歌中一路走過來的，可以藉助的力量微乎其微，必須不斷累積個人實力，還要有強大的意志力以及背水一戰的決心。筆者認為，這裡面還是個人實力的累積最重要。因為一切成功的逆襲，都是有備而來，水到渠成。只是他的終極實力之前還沒有完全展現在大家面前而已。

　　很多人想做一個超級英雄，想要來一個驚天動地的逆襲，想讓昔日看不起自己的人刮目相看。然而，如果不做好任何準備，就如同第二天要考試了，現在腦袋裡還空空如也，那麼即使上了考場，你又能考得出什麼好成績呢？好成績不是想出來的，是刻苦讀書出來的。同理，無論你是想在職場成功或者自己創業成功，最能依靠的都是「努力」二字。若

第九章　命運的拼圖：努力是最強的底氣

是等到機會來了，才想到要去改變，那一切就都晚了。

香港著名電臺主持人梁繼璋在寫給兒子的信中說過：「雖然很多有成就的人士都沒有受過太多的教育，但這並不等於不用功讀書就一定會成功，你學到的知識，就是你擁有的武器，人，可以白手起家，但不可以手無寸鐵，謹記！」這啟示我們，想要逆襲，你首先必須要足夠的優秀，優秀到可以匹配那個巔峰時刻。

暢銷書《致加西亞的信》的作者阿爾伯特‧哈伯德出生在美國伊利諾伊州的布盧明頓。阿爾伯特從小家境就優於其他孩子，這讓他有了一個無憂無慮的成長空間。雖然擁有優越的生活，但他卻一直想著去創立一番專屬於自己的事業。

為此，他孜孜不倦地學習，還特別挑選適合自己未來創業的書籍進行閱讀。隨身帶著一本書已經成為他的一個習慣，一有空閒時間，他就會翻開書學習。後來，他進入出版領域。在周密考察了歐洲出版市場後，他又向很多位前輩進行了虛心請教。然後，他的出版公司就成立了。由於前期準備工作充分又到位，所以出版公司經營得很順利，很快便走上正軌。

出版公司的成功並不能讓他停下前進的腳步。透過一段時間有針對性地觀察，他發現自己居住的紐約州的東奧羅拉已經漸漸成為人們度假旅遊的最佳選擇之一，令他驚喜的是，當地旅館業發展得還不怎麼好。

這樣的商機絕不能錯過！於是他決定接下來進軍旅館業。在對旅館業進行了周密的調查研究和充分的準備後，他沒有選擇重新開一家旅館，而是接手了一家，然後按照自己的理解，裡裡外外重新裝修了一番。在裝修過程中，他有意識地了解遊客的需求、喜好和習慣。他發

現，大部分遊客來這裡度假，主要都是想從忙碌的工作中暫時解脫，徹底放鬆一下。於是，他考慮到遊客喜歡的旅館風格應該是簡潔的，所以他將這個想法融入到了家具的設計上，結果真的獲得了遊客們的一致讚揚與喜愛。

　　阿爾伯特聰明且很有遠見，還一直都在積極主動地儲備能量，提升自我，不斷更新自己的知識與經驗，所以無論是在出版業還是旅館業，他都取得了巨大的成功。儘管之前阿爾伯特一直沒有從事過出版業和旅館業，但他一進入這兩個行業，就馬上取得了巨大的成功，這也可以稱得上是逆襲了。不過，他能夠逆襲，主要靠的還是之前周密而深入的調查研究，以及充分、全面的準備。可見，成功沒有偶然，一切逆襲都是有備而來。

第九章　命運的拼圖：努力是最強的底氣

▎風光路上沒電梯：
想當命運寵兒，請先加倍努力

在通往人生巔峰的路上，到底有沒有一部電梯，能搭載著我們，在幾分鐘甚至幾十秒鐘就到達成功的殿堂呢？答案是「沒有」。我們沒有辦法「一步登天」走到成功金字塔的頂端，想要走向人生巔峰，無論是誰都需要經過無數個日月星辰的更迭。無數事實告訴世人，風光的路上沒有電梯，我們必須一級臺階一級臺階地往上攀登。

被影迷們戲稱為「皮卡丘」的李昂納多・狄卡皮歐，在 1997 年的時候因為其主演的電影《鐵達尼號》的熱映而聞名全世界。

年輕時的李昂納多帥得一塌糊塗，迷倒了全世界一大票女粉絲。隨著年齡的增長，他雖然看上去已經不那麼帥了，身材也常常被人取笑，但不可否認的是，李昂納多的演技卻與日俱增，儼然已是實力派演員一名。

命運就像是一直在跟李昂納多開玩笑一樣，雖然李昂納多出演了不少很有誠意很有擔當的電影作品，但是奧斯卡金像獎這座小金人卻屢屢與他擦肩而過。

幸好，只要你不斷努力，命運總是會青睞你的。在李昂納多的不斷努力下，終於在 2016 年 1 月 8 日，憑藉在電影《神鬼獵人》裡出色的表演，李昂納多獲得了第 88 屆奧斯卡金像獎最佳男主角獎。這次終於捧得了小金人，對於李昂納多來說，雖然等待得似乎有點過於漫長，但也終於等到了，李昂納多實現了他人生中最大的一個目標。

風光的路上沒有電梯，如果你想當命運青睞的寵兒，就請先付出足

夠的努力。李昂納多之前出演了很多部電影，一次又一次奉獻出精采的表演，但卻一次又一次與「小金人」擦肩而過，其實對李昂納多來說這也是一件好事。因為這正好可以刺激他不斷主動地錘鍊自己的演技，直至爐火純青的地步。如今，那個當初靠顏值取勝的大男孩，已經靠自己一步一個腳印的刻苦努力，蛻變成為靠實力說話的成熟男人、頂級實力派男演員。

這啟示我們，只要你不斷努力付出，不斷提升自己的實力，老天爺總會把你最想要的東西給你的。然而，如果在你的實力、付出都還遠遠不夠的時候，就想得到自己最想要的東西，那是不太可能的。

每一個有追求的人都希望能早一點實現自己的目標。但是，如果你想早一點得到你想的，其捷徑就是加倍努力。等你的付出累積到足夠多時，實力提升到足夠強大時，你就會獲得命運的青睞，夢想成真。

有個胸懷遠大抱負的年輕人，千里迢迢來到了一家道觀，找到了一位長者。這位長者是一位世外高人，仙風道骨，劍術高超。年輕人要向長者學習劍術。剛開始時，長者拒絕了。但年輕人並不放棄，在道觀外跪了三天三夜。最終，長者被感動，決定傳授一套劍法給這位年輕人。年輕人喜出望外。

當年輕人練習劍法練到第十天時，他忍不住問長者：「師父，像我這般苦練，依您之見，要想把這套劍法練到純熟，需要多少時間？」長者捻了捻鬍鬚，輕輕答道：「三個月。」

年輕人又問道：「如果我再勤奮些，不分白天黑夜地練，在吃飯、走路的時候都研習劍法，是不是練成的時間就能大大縮短了？這需要多長時間呢？」長者回答：「三十年。」

第九章　命運的拼圖：努力是最強的底氣

這三個字讓年輕人陷入沉默之中。練習三個月，劍術可以變得純熟，但年輕人嫌這個時間太長。然而當他認為自己再加倍苦練，練成的時間也會相應加倍減少時，長者卻提供了一個「三十年」的答案，這令他頓時醒悟，自己「欲速則不達」的行為是有多麼的愚蠢與可笑。

相信很多人都聽說過「一萬小時定律」。1993 年，瑞典心理學家安德斯・艾瑞克森（Anders Ericsson）在柏林音樂學院的授課中，做過這樣一番調查和研究。他根據目前學生的水準，將其分成了三組，水準稍差的那一組學生，總共的練琴時間大概是 4,000 個小時；水準稍好一點的那組學生，練琴時間大概是 8,000 個小時。水準最好、最被老師寄予厚望那一組，練琴時間大概是 10,000 個小時。

安德斯由此得出結論，時間與付出成正比，付出又和收穫成正比。一個人花了多長時間，證明他能有多大的成就。不花費足夠的時間，根本不可能把琴練成，把畫畫好。練琴如此，繪畫如此，想做成人世間的任何一件事情皆是如此。

誰不想快一點成功呢？誰不想一夜成名，迅速成為人生的大贏家啊？然而，風光的路上沒有電梯，不可能「一步登天」。想要當命運的寵兒，該付出的努力一定要足夠才行。

作為名牌大學的畢業生，小珠的同屆同學一個個都找到了滿意的工作，她卻一直找不到讓自己滿意的工作。最後她終於找到了一份她很喜歡的工作，在某所大學的圖書館裡當管理員。然而，在同學們看來，小珠的這份工作讓大家跌破眼鏡。大家都覺得，她不應該去做這麼一份「沒出息」的工作。不過，小珠卻發現這份工作很不錯，不但工作壓力不大，還可以有很多時間讓自己去學到很多知識。

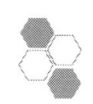

時間匆匆而過，很快大家都已經畢業 10 年了。這時候的小珠，已經憑著自己以前學到的知識與累積的經驗，在她所處的城市裡開了好幾家屬於自己的書店，儼然做成連鎖書店的發展態勢了。雖然現在實體書店不景氣，但是小珠的書店是圖書、雜誌結合咖啡、茶、各種女生喜愛的小東西等一起賣，結果經營得越來越好。而她的同學大都還是上班族。

　　在實力還不足夠強大的時候，千萬不要貪快，否則很容易失敗。讓我們收起浮躁，還自己一顆平靜、祥和、自然的心，在奮鬥的路上走得穩一些，踏實一些。當溫度夠了，水自然會沸騰；當付出夠了，回報自然會來。在努力、付出還沒足夠之前，請不斷付出你的努力。

第九章　命運的拼圖：努力是最強的底氣

● 既自律又努力，成功就一定會來找你

一個人的前途是一片光明還是一片灰暗，取決於他的學識，更取決於他的品格；取決於他的智力，更取決於他的心地；取決於他的天賦、優勢、長處，更取決於他的耐心、紀律性、自制力。

無論你出身大富之家還是平民之家，無論你天縱英才還是資質平平，有一項品質對你來說都不可或缺，那就是：自律。在漫漫人生路上，自制力是幫助你順利通過懸崖邊的安全屏障，如果你失去了自制力，會很容易陷入欲望的泥沼裡無法自拔，變得毫無節制，隨心所欲，橫行無忌，最終落得一個一敗塗地、不可收拾、後半生淒涼的境地。更嚴重的，可能會搭上了一條命！

埃迪·格里芬還沒有進入 NBA（美國男子籃球職業聯盟）打球時，其發展前景就已經被球探、專家們普遍看好。身高 208 公分的他，不僅擅長蓋火鍋，而且還具備後衛一樣的三分火力和快攻速度。在加入休士頓火箭隊後，馬上就被火箭隊高層稱為未來的「崔斯勒」，是火箭隊重點培養的對象。

事實證明，他與姚明、法蘭西斯組成的「火箭三叉戟」確實也曾威震一方。只可惜，毫無自制力的他，在收入迅速提高後，就變得毫不自律、節制，並過上了隨心所欲的放蕩生活，結果這顆「未來之星」早早地隕落了。

格里芬不但很不自律，而且性情孤僻，不善於與人交流，結果在職業生涯的前兩年裡，他就犯下了一系列的過錯：經常缺席訓練，多次被停賽，因酗酒接受過專門的酒精治療，還因吸毒被警方抓過幾次。最

終，因為無故缺席球隊的訓練和比賽，火箭隊管理層終於忍無可忍，便把他掃地出門了。

被趕出了休士頓火箭隊後，他被當時主場還在紐澤西的布魯克林籃網隊收留了。球隊先是把他送到了戒酒中心去治療，然後希望他能夠盡快進行恢復性訓練。沒想到，因自我放縱惹來的場外麻煩還是沒能讓他得到哪怕一次的上場機會。兩個月後，籃網隊宣布把他裁掉。之後，他以極低的身價加入明尼蘇達灰狼隊。

加入灰狼隊後的第一個賽季，他還能好好上場打比賽。但沒想到的是，他收斂了沒有多久，又開始放縱自我。最後，灰狼隊也把他趕走了。

當時還是灰狼主帥的凱西教練頗為格里芬感到惋惜：「他始終都沒有改變自己的壞習慣，這對他來說真是悲劇。」是啊，即使他天賦異稟，但缺乏自律，毫不自制，總是隨心所欲地放縱自己，這樣的球員，哪個球隊敢收留呢？

2007年8月17日凌晨，格里芬駕駛著一輛SUV，無視鐵路警告標誌，強行穿越護欄，結果撞上了一輛疾駛而來的貨運列車。最後車子被大火燒毀，格里芬的屍體被燒得面目全非，警方透過屍體牙齒的DNA鑑定，才確認了他的身分。他死的時候才25歲。

一個不自律、沒有節制、無法約束自己的人，往往都會在放縱裡走向自我毀滅。沒有人一生下來就注定了這輩子會成功或者失敗。每個人後來發生的一切，都不過是因為當初選擇的不同而有了結果的差異。正確的選擇能讓人幸福，錯誤的選擇會使人墮落。有些人之所以能成為強者，不是因為戰勝了對手，而是因為戰勝了自己。切記，人生的舵盤雖

第九章　命運的拼圖：努力是最強的底氣

由許多部件組成，但其中最重要的是努力、自律和不滅的希望。

傑瑞·賴斯是公認的美式足球前衛接球員的最佳代表，他在球場上的表現已經證明了這一點。他身邊的人都認為他是一個天生的運動員，因為他擁有著驚人的體能、優秀得令人震驚的身體條件。他是那種任何一位足球主教練都夢寐以求的前鋒球員。

當然，僅僅擁有驚人的體能和出色的身體條件，還不足以令他成為美式足球界的傳奇人物。他能取得卓越的成就，真正原因是他擁有極其強大的自律能力。他每天都會拚命地鍛鍊身體，試圖攀越更高的境界。在職業足球界，沒有第二個人在體能鍛鍊方面比他更規律。

他為什麼會擁有強大的自律能力以及自我鞭策能力呢？這要從他體能訓練的故事說起。當他還在高中校隊的時候，每次練習前教練都規定，球員要以蛙跳的方式，彈跳前進到一座40公尺高的山丘前，然後彈跳回來。就這樣來回20趟，然後才可以休息。

在炎熱而潮溼的天氣下，有一次他完成了第11趟後就感到身體有些吃不消了，於是他偷偷回到了球員休息室。剛走進門時，他突然意識到自己的行為很不可取。他連忙回到練習場上，最終完成了他的彈跳任務。從那一天起，他再也沒有半途而廢過。

成為職業球員後，當每次賽季結束以後，其他球員都去釣魚或享受假期時，賴斯卻仍舊保持著平時的作息規律，每天從早上七點鐘開始做體能訓練，直到中午。曾有人開玩笑說：「他的身體已經鍛鍊到了高度完美的狀態，現在即使是功夫明星，跟他比起來也只像是一個相撲選手。」

其實，賴斯早已把足球賽季看成是一年365天的挑戰。美國職業足

球聯盟的明星凱文・史密斯曾這樣評價他：「他的確天賦過人，然而他的努力程度更是所有人都比不上的，這正是好球員與傳奇球星的分野。」

從傑瑞・賴斯的身上我們看到了自律的強大作用。我們甚至可以斷言，沒有任何人可以在缺少自律的情況下獲得並保持成功。在現實生活中，一位成功人士無論擁有多麼過人的天賦，若不能做到自律，就絕不可能把自己的潛能發揮到極致，即使偶然成功了，這種成功也不可能持續下去。而一個人一旦做到了既能自律又持續努力，成功就一定會主動前來找他。

世界上確實存在著天賦異稟的人。但如果沒有足夠的努力和自律，那麼即使是天賦異稟的人，成績也只會止步於此而已。唯有總是保持自律，且一直努力付出，才會更容易贏得機會和成功的青睞。

第九章　命運的拼圖：努力是最強的底氣

● 練好真本事：不想被淘汰，先把斧頭磨利

美國經濟大蕭條時期，失業率居高不下。為了提供更多就業機會，美國政府專門劃出了一片大森林，然後招了上百個人前去負責砍伐。有個年輕人在得到了這份工作後，非常珍惜，決定好好表現一下。

上班的第一天，他非常賣力，不停地揮舞著斧頭。一天下來，他一共砍倒了 18 棵大樹，工頭非常滿意，把他誇了一通。年輕人受到了鼓勵，心裡很高興，暗自發誓明天要有更好的表現，以感謝主管對自己的賞識。

第二天，年輕人甩著肩膀拚命工作。做著做著，他開始感覺自己的腰又痠又痛，腿則像灌了鉛一樣，手臂更是累得抬不起來。但即便累成了這副樣子，第二天，他還是只砍了 15 棵樹。由於比第一天砍得少了，所以年輕人在心裡想，看來我還是不夠賣力啊。第三天，他發了瘋似的砍樹，直到把自己累得渾身癱軟。可是，今天的結果更壞，他只砍了 12 棵樹。

這個年輕人很有自覺性，他為自己一日不如一日的工作效率感到慚愧，於是主動找到了工頭，向他表達了歉意，並檢討自己說：「先生，雖然我並非有意偷懶，但我真是太沒用了，越賣力越不出成績。」工頭出其不意地問了年輕人一句：「你多久磨一次斧頭？」年輕人一下子愣住了：「我已經把所有時間都花在了砍樹上，哪裡還有時間磨斧頭啊？」

古語有云：「工欲善其事，必先利其器。」但在利器與省時之間，人們往往選擇後者。因而有人嘲笑那些花時間做好準備工作的人，嘲笑那些在「利器」上耗費精力的人，認為他們迂腐、愚笨，卻不知真正的笨蛋

練好真本事：不想被淘汰，先把斧頭磨利

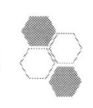

是自己。因為，今天你不活在未來，明天就會活在過去；今天不把「斧頭」磨利，明天就會被淘汰。

這啟示我們，在人生路上，我們從來都沒有一路放行的通行證，學歷、職稱和昔日的成就都不是能讓我們一路順暢的保證。當我們覺得自己的工作效率下降時，是不是該靜心想一想，我們有多久沒有「磨斧頭」了？

很多人急於出人頭地，結果只顧著眼前的利益，從而忽視了學習和提升自己。殊不知，倘若我們一直在「砍樹」，卻忘了把「斧頭」磨利，那麼，落於人後將是早晚的事。

長江後浪推前浪。整個人類社會就是遵循著這一規律發展到今天的。還有一種規律是，當人自滿於成功之時，失敗可能正在接近。在一個競爭不太激烈的環境裡，你還可以為暫時的成功陶醉很長一段時間而沒有人會超越你。但是，在今天這樣一個競爭如此激烈的時代，你只要陶醉很短的時間，也很有可能會被人遠遠地甩在身後。所以，不想被淘汰，就要經常磨你的「斧頭」，不斷磨練你的真本事。

很多人整天想著賺大錢，想著成就一番大事業。這些人其實也曾大張旗鼓地開始過，也曾找過專案和資金，可是所有的工作都沒能落到實處，好像是走過場一樣，最後所有的計畫都不了了之。還有一些人說的時候天花落墜，把藍圖描繪得非常美好，可是等到行動時卻沒有了動靜，既不肯努力又不肯付出，結果所謂的藍圖最終成為一張白紙。

其實，並不是耍耍花架子、練練虛把式就可以獲得成功。想要成為一名真正的成功者，就必須苦練真本事，提升自己的能力和實力，這才是成為一名成功人士之前必須要做的事情。如果一個人只是耍耍花架子

第九章 命運的拼圖：努力是最強的底氣

和虛把式，那麼只會成為一個一事無成的失敗者。

就像下海捕魚一樣，漁夫只有練好觀察魚群動向的本領，結好結實稠密的漁網，才能打到更多的魚。如果漁夫在結網的時候偷懶，或者只顧著漁網結的是否好看，那麼他必定會一無所獲。凡是成功人士，都懂得講究務實的重要性，他們在「捕魚」之前就已經結好了自己的漁網，並且不斷努力提升自己的能力，從而練就了一身的真本事。

挪威小提琴家奧雷‧布爾在還沒有出名的時候，技藝就早已練得非常純熟，足以與大師級的音樂演奏者相媲美。當然，久久不能成名的奧雷‧布爾心裡還是很難過的，因為他品嘗到了懷才不遇的滋味。但他並沒有放棄，而是依舊刻苦訓練，不斷提升自己的實力。

有一天，著名女歌手瑪麗‧布朗從奧雷‧布爾的窗前走過。這時她恰好聽到奧雷‧布爾的小提琴演奏。只見她聽得如醉如痴，好像從來未曾想到小提琴也可以演奏出如此優美動人的旋律似的。聽完一曲後，布朗立即打聽到了這位無名樂手的名字，並把奧雷‧布爾引薦給了自己的經紀人。於是，奧雷‧布爾從此開始了自己的演藝生涯。

剛進劇團時，因為沒有名氣，所以沒有幾個人注意到他。此後不久，布朗在演出前突然和經理發脾氣，然後拒絕出演。這令觀眾怨聲沸騰。就在這個時候，奧雷‧布爾被派到聚集了大批觀眾的前臺來救場。好機會終於降臨到了他的頭上，他用一個小時的演奏時間把自己推上了世界音樂殿堂的巔峰。

在自己默默無聞時，他一直堅持刻苦地磨練自己的演奏技藝，就是在為這次一鳴驚人的機會做著準備。試想，如果沒有足夠的實力，即使機會來了，也不可能一鳴驚人。在這個世界上，沒有人知道機遇什麼時

候會降臨，會以一種什麼樣的形式降臨。所以，想要成為成功者，就必須不斷苦練自己的本領，提升自己的能力，然後等著機遇的出現。一旦抓住機遇，就藉機成就自己。

不做替代品！九項「價值思維」升級你的未來：

優化流程 ╳ 整合資源 ╳ 終身學習，養成「隨身碟」思維，到哪裡都「隨插即用」！

作　　　者：麗莎	
責任編輯：高惠娟	
發　行　人：黃振庭	
出　版　者：樂律文化事業有限公司	
發　行　者：崧博出版事業有限公司	
E-mail：sonbookservice@gmail.com	
粉　絲　頁：https://www.facebook.com/sonbookss	
網　　　址：https://sonbook.net/	

地　　　址：台北市中正區重慶南路一段 61 號 8 樓
8F., No.61, Sec. 1, Chongqing S. Rd., Zhongzheng Dist., Taipei City 100, Taiwan

電　　　話：(02)2370-3310	
傳　　　真：(02)2388-1990	
印　　　刷：京峯數位服務有限公司	
律師顧問：廣華律師事務所 張珮琦律師	

定　　　價：375 元
發行日期：2024 年 12 月第一版
◎本書以 POD 印製
Design Assets from Freepik.com

國家圖書館出版品預行編目資料

不做替代品！九項「價值思維」升級你的未來：優化流程 ╳ 整合資源 ╳ 終身學習，養成「隨身碟」思維，到哪裡都「隨插即用」！/ 麗莎 著 . -- 第一版 . -- 臺北市：樂律文化事業有限公司, 2024.12
面；　公分
POD 版
ISBN 978-626-7552-99-5(平裝)
1.CST: 職場成功法
494.35　　　　　　113018800

電子書購買

爽讀 APP　　　　臉書